土石混合料剪切机理及强度特性

肖建章　蔡红　魏然　田继雪　著

·北京·

内 容 提 要

岩性类土石混合料是目前包括山区机场等高填方工程填料的主体，挖填方量十分巨大。土石混合料是介于均质土体和碎裂岩体之间的特殊工程材料，具有显著的非均质、非连续特征，其强度特性不仅取决于土和石本身的力学性质，也与土石相对比例、粒组组成、碎石结构形态等因素密切相关。本书在系统调查土石混合料相关工程建设现状的基础上，对土石混合料的剪切机理及强度特性进行了系统研究，主要包括土石混合料工程特征分析及分类、颗分曲线与级配方程、级配类型与孔隙比关系分析、土石混合料直剪试验开缝宽度试验研究、土石混合料剪切特性分析等方面内容。

本书可供涉及土石混合料的岩土工程、水利工程和交通工程等领域的勘测、设计、运行和建设管理人员使用，也可供科学研究、教学及施工人员参考。

图书在版编目（CIP）数据

土石混合料剪切机理及强度特性 / 肖建章等著. -- 北京 : 中国水利水电出版社, 2022.5
ISBN 978-7-5226-0602-6

Ⅰ. ①土… Ⅱ. ①肖… Ⅲ. ①机场－填筑－土料②机场－填筑－石料 Ⅳ. ①TU521

中国版本图书馆CIP数据核字(2022)第057758号

书　名	**土石混合料剪切机理及强度特性** TUSHI HUNHELIAO JIANQIE JILI JI QIANGDU TEXING
作　者	肖建章　蔡　红　魏　然　田继雪　著
出版发行	中国水利水电出版社 （北京市海淀区玉渊潭南路1号D座　100038） 网址：www.waterpub.com.cn E-mail：sales@mwr.gov.cn 电话：（010）68545888（营销中心）
经　售	北京科水图书销售有限公司 电话：（010）68545874、63202643 全国各地新华书店和相关出版物销售网点
排　版	中国水利水电出版社微机排版中心
印　刷	北京九州迅驰传媒文化有限公司
规　格	170mm×240mm　16开本　9.5印张　186千字
版　次	2022年5月第1版　2022年5月第1次印刷
定　价	**66.00**元

前言

广泛应用于高填方工程中的土石混合料是第四纪以来形成的介于均质土体和碎裂岩体之间的特殊工程材料，其极为复杂的强度特性直接影响着填筑体自身的强度变形特性及高边坡的稳定性。在自重荷载和长期飞机起降产生的冲击荷载作用下，会造成高填方边坡稳定影响区上部结构的开裂和破坏，导致高填方过大不均匀沉降、失稳等灾变的发生。

高填方工程中挖填方量巨大，岩性类土石混合料是机场高填方工程填料的主体，尤其以中砾、细砾及碎石等粒组含量居多。土石混合料颗粒粒度变化大且往往难以控制，实际工程中如果对填料级配要求过高，施工中就会产生大量弃料，土石方调运量明显增加，需要另外建设大型弃料场，影响工程的进度和造价。

目前，针对山区机场高填方土石填筑料的研究相对薄弱，对土石混合料的剪切机理和强度特性的系统研究尚有不足，不同级配条件下的土石混合料对机场高填方变形和稳定的影响机理不够明确，缺乏适合高填方机场填料的工程分类和填筑标准。因此，在满足稳定和变形要求的前提下，有针对性地确定填筑料的评价方法和控制指标就成了该类型高填方机场施工中所必须面对的关键技术，深入研究填筑料的力学特性对机场高填方边坡稳定、控制机场高填方工程的投资及保证建设工期均有重要的现实意义。

本书以典型机场高填方工程为研究背景，结合土石混合料的级配问题，在广泛收集土石混合料工程的相关设计、施工及试验段资料的基础上，分析机场高填方典型土石混合料的级配特征。综合工程地质条件、机场设计、数值模拟及室内试验，以硬岩粗颗粒土石混合料的剪切机理和强度特性为研究目标，系统开展土石混合料的工程特性研究，深入探讨适合机场填筑土石料的级配方程描述、高填方复杂填料的工程分类体系、不同级配情况下土石混合料合理的开缝宽度、细观角度下土石混合料骨架效应对填料力学性质的影响规律、土石混合料级配类型与孔隙比的对应关系，以及不同开缝宽度下直剪试验中土石混合料的剪切强度特性变化规律、骨架构成及内在剪切机理，为土石填筑体物理力学特性合理表述提供新的研究思路，也为土石混合料高填筑体的沉降变形及失稳防控积累研究经验。

中国水利水电科学研究院肖建章负责全书的内容结构设计及统稿工作。撰写人员分工如下：第1章由肖建章完成，第2章由蔡红完成，第3章由魏然和肖建章共同完成，第4章由田继雪和肖建章共同完成，第5章由魏然和肖建章共同完成，第6章由蔡红和肖建章共同完成。

本书提炼了国家重点基础研究发展计划“973项目”(2014CB047004)、国家自然基金项目（U19A2049)、国家重点研发计划（2018YFC1508602）等项目的研究成果，感谢中国水利水电科学研究院邢义川教授和魏迎奇教授的悉心指导，感谢重庆交通大学周杰教授在颗粒流模拟中的大力帮助，感谢流域水循环模拟与调控国家重点实验室在试验平台使用上的大力支持。

由于作者水平有限，书中难免存在不足之处，敬请读者批评指正。

作者

2021年6月

目录

第1章 绪　论

1.1 研究背景及研究意义

1.1.1 研究背景

机场是重大公共基础设施和生命线工程，服务于国家战略，在西部大开发、维护国防安全、边疆地区安全稳定及抢险救灾等方面，机场都发挥着不可替代的作用。

我国西部地区地域广阔、地形复杂、通达条件差，支线机场的建设提供了更加安全快捷的出行方式。为此，国家发展改革委制定的《西部大开发“十二五”规划》明确提出西部边远山区支线机场的建设规划：“新建一批对改善边远地区交通条件、促进旅游等资源开发及应急保障具有重要作用的支线机场”。支线机场的建设和运行有着明显的经济和社会效益，有力地促进旅游产业发展的同时，也提高了当地人民的整体生活质量和水平。例如，云南昆明到景洪的公路距离为 730 km，陆路交通需要 2 天半，西双版纳机场 1990 年 4 月通航后，40 分钟即可到达。西双版纳机场运行后，旅游业迅速发展，目前西双版纳机场的年旅客吞吐量已达到 230 万人次；丽江机场 1995 年开航，1997 年起丽江第三产业增速超过第二产业，2001 年与旅游相关的产业占 GDP 的 35%，73%的 GDP 增长来自旅游业。“十四五”时期将加快民航重大基础设施建设，实施上海浦东、广州白云、深圳宝安、西安咸阳、重庆江北、乌鲁木齐地窝堡、长沙黄花、福州长乐等枢纽机场改扩建和厦门新机场、呼和浩特新机场等项目。到 2025 年，力争全国运输机场设计容量达到 20 亿人次，形成基础设施超前引领民航发展的态势。还将稳步扩大机场覆盖范围，进一步完善国家综合机场体系，到 2025 年全国运输机场新增 30 个以上，进一步促进机场辐射范围扩大和打造世界级机场群。

此外，西部山区地震、滑坡等地质灾害众多，传统陆路交通运输速度慢，常因地质灾害而中断，支线机场往往发挥重要作用。2010 年“4·14”玉树大地震当天，玉树机场及时运送 742 名重症伤员，保障抗震救灾航班 14 个架次，为抗震救灾赢得了宝贵时间。

1.1.2 研究意义

高填方机场通常指最大填方高度或边坡高度大于 20m 的机场在建设材料、结构设计、建设规模及运行要求等方面均有特殊性，对现有高填方设计理论及施工技术提出了挑战。

由于满足飞机进、离场净空方面要求的场址资源十分有限，通常不具有可选性，机场高填方工程多分布在地形、地貌、地质及气候条件复杂的山区和丘陵地带，施工中形成了挖填交替、方量巨大、填料类型众多的高填方和高边坡（图 1.1～图 1.2）。典型的如承德机场，地貌类型属于构造剥蚀中低山区，侵蚀作用强烈，峰谷参差，冲沟发育，地面标高介于 550～781m 之间，地形起伏大、条件复杂，采用宽级配土石混合料分层填筑的填方最大高度达 114m，填方量超过 $7\times10^{7}m^{3}$。

图 1.1 承德机场施工中形成方量巨大的高填方

图 1.2 承德机场土石混合料组成

高填方工程设计与施工中必须要保证机场的安全和正常使用，长达 3000m 的跑道通常要跨越多种地形地质单元，场址不可避免地存在断层、软弱结构面等不良地质，原地基裂隙、挖填方界面、填筑料界面等相互交错，形成复杂地质结构面。跑道道基顶面对高填方填筑体有严格的差异沉降控制要求。跑道运行期工后沉降量一般要控制在 50 mm 之内，工后差异沉降控制在 0.1%～0.15%之内，控制标准远高于土石坝和高速公路的工后沉降控制标准。2007 年丽江机场就因为跑道不均匀沉降过大而不得不进行改造；2012 年成都双流机场第二跑道及滑行道沉降最大处超过 100mm，多处道面板变形严重，影响运行，2013 年春节前机场停航维修，造成较大的经济损失。

飞机起降所需的舒适性和安全性对跑道道面平整度提出严格要求的同时，也对高填方填筑体强度和刚度提出了严格的要求。高填筑体自重荷载使得原地基和深部填筑体始终处于高应力状态，飞机起降和滑行对跑道道面结构产生多达数十万次的高强度冲击和移动荷载，非正常降落时瞬时竖向冲击荷载甚至可达飞机自重的4.86倍；对高填方填筑体变形和稳定起控制作用的土石填筑材料由于环境及成本等因素的制约，施工中只能力求挖填平衡，填料就地取材。地基土料中普遍存在级配不良现象（图1.3～图1.4），填筑用料通常为原场址削山开挖得到的土石混合料，其可选性差、种类多、成分复杂、结构分布不规则，具有强烈的非均质性和很强的地域性。粒度空间变异大，最大粒径800mm，有的甚至达1000mm以上，是非常复杂的不连续介质材料，高填方原地基与填筑体之间的相互作用极为复杂，以土石混合料为主体的填筑料工程强度问题直接影响着高填方整体稳定，并对施工安全和建成后的运行安全带来重要影响。

图1.3 甘孜格萨尔机场碎石土

图1.4 巴中机场坡积碎石土

目前，针对机场高填方土石填筑料的基础研究严重滞后于机场高填方工程建设，尚无成熟理论和技术标准来支撑和规范山区机场高填方工程的设计和施工。因此，对填筑土石料工程强度特性开展系统深入研究是机场高填方工程中亟待解决的关键技术问题之一，在当前民航机场高填方工程建设快速发展的形势下具有重要的现实意义。

1.2 问题的提出

广泛应用于机场高填方工程中的土石混合料是第四纪以来形成的介于均质土体和碎裂岩体之间的特殊工程材料，具有显著的非均质、非连续特征。其强度特性不仅取决于土和石本身的力学性质，也与土石相对比例、粒组组成、碎石结构形态等因素密切相关。

由于机场高填方土石混合料挖方量和填方量均十分巨大，土石填筑料极为复杂的强度特性将直接影响填筑体自身强度变形及高边坡的稳定性。在自重荷载和长期飞机起降产生的冲击荷载作用下，高填方突出的岩土工程问题就是填方体沉降和工后差异沉降，造成机场跑道路面结构过早被破坏，甚至沉陷、坍塌（图1.5），严重时还会引发高填方填筑体边坡的失稳破坏（图1.6），极大地影响机场运输和使用效率的发挥，直接威胁机场周边人员及设施的安全。

图1.5　机场现场塌陷

图1.6　机场高填方滑坡

机场高填方工程多采用强夯法分层填筑施工（图1.7～图1.8），土石混合料在强大的夯能作用下会发生破碎，级配和密实度相应改变也对高填方填筑体强度特性产生重要影响。

图1.7　强夯法分层填筑施工

图1.8　高填方填筑料碾压施工

高填方机场工程施工通常工期较为紧张，土石混合料填筑属于快速加载。如九寨沟机场，挖填总方量为$5.856\times10^{7}\,m^{3}$（该土方量超过整个青藏铁路的土方量），主体工程工期仅为14个月。

此外，由于高填方工程中挖填方量十分巨大，土石混合料颗粒粒度变化大且往往难以控制，实际工程中如果对填料级配要求过高，施工中就会产生大量弃料，致使土石方调运量明显增加，还需要另外建设大型弃料场，导致施工困难，最终影响机场工程的进度和造价。

目前，针对山区机场高填方土石填筑料的研究相当薄弱，以往研究尚未对土石混合料的剪切机理和强度特性进行深入研究，不同级配条件下的土石混合料对机场高填方边坡变形和稳定的影响机理也不明确，缺乏适合高填方机场填料的工程分类和填筑标准。在满足稳定和变形要求的前提下，有针对性地确定填筑料的评价方法和控制指标就成了高填方机场施工中所必须面对的关键技术，深入研究填筑料的力学特性对机场高填方边坡稳定、控制机场高填方工程的投资及保证建设工期均有着十分重要的意义。

基于此，本书以典型机场高填方工程为研究背景，结合土石混合料的级配问题，在广泛收集土石混合料的设计、施工及试验段资料基础上，分析机场高填方填筑料中典型土石混合料的级配特征。综合工程地质条件、机场设计、数值模拟及室内试验，以硬岩粗颗粒土石混合料的剪切机理和强度特性为研究目标，系统开展土石混合料的工程特性研究，深入探讨土石料的级配方程描述、高填方复杂填料的工程分类体系，土石混合料合理的开缝宽度、土石混合料骨架效应对填料力学性质的影响规律、级配类型与孔隙比的对应关系，以及不同开缝宽度下直剪试验中填筑料剪切强度特性变化规律、骨架构成及内在剪切机理。

1.3 国内外研究进展

1.3.1 级配相关概念研究现状

土的颗分曲线是工程上最常用的曲线之一，从连续性特征及走势陡缓可直接判断土的颗粒粗细、颗粒分布的均匀程度及级配的优劣（赵成刚，2004）。颗粒粒径对土料力学特性有重要影响，是土的物理属性的重要表征（Robinson，1959）。一般来讲，在风化作用影响下，土的年代越久，土粒平均粒径就越小（Terzaghi，1948）。与黏性土力学性能更多受地质历史和土体结构的影响不同，无黏性土或黏性较低的土石混合料更多的是受级配影响。尽管受到种种限制，颗分曲线对砂土和粉土而言更具有实际意义（Lambe 和 Whitman，1969）。定义土料级配良好与否取决于土料在工程应用中的表现。从工程的角度来看，良好级配的土料包含了一系列不同范围的粒径，这种土料通常比级配不良的土料（粒径较为一致）具有较高的强度和稳定性（Capper，1953、1963）。也就是说，级配良好情况下，土体能相对稳定、抵抗侵蚀或冲刷、便于压实为密实的地基、具有较高抗剪强度和承载力。级配不良，会形成多孔、开放结构，在荷载作用下会导致较大位移，承载力也较低（Hough，1957）。

不良级配土料可以定义为（Craig，1978；赵成刚，2004）：（A）类土料中相当高比例的土粒粒径集中在一个很小的范围内，颗分曲线虽然连续光滑，不存在平台，但坡度陡峭，土料粗细颗粒连续均匀；或（B）类土料中存在大粒径颗粒和小粒径颗粒，但中间粒径的颗粒比例相对较低（Terzaghi，1948；Earth Manual，1956），这种类型的颗分曲线平缓，但存在平台，土粒粗细虽然不均匀，但存在不连续粒径，如图1.9所示，U代表（A）类土料，G代表（B）类土料。

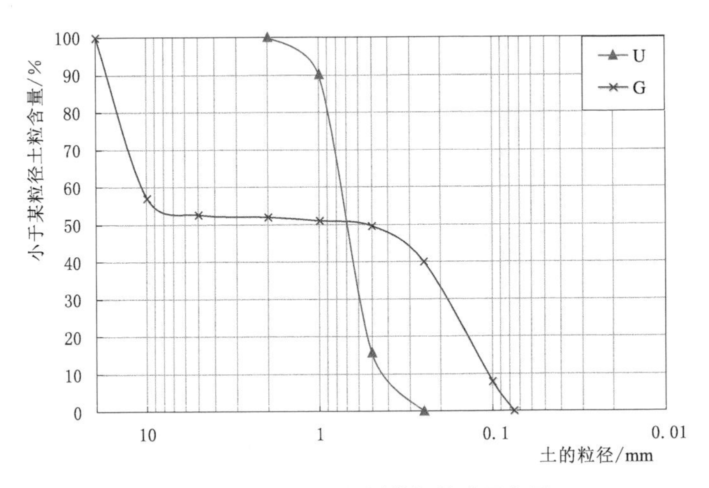

图1.9 不良级配土样粒组构成示意图

1892年，美国土木工程师协会（ASCE）前副主席、杰出工程师Allen Hazen在大量砂土渗透试验的基础上发现，疏松状态下，当均等粒径的砂土与级配砂土的有效粒径相等时，两者的渗透性一致（Means和Parcher，1964），砂土的渗透性还与控制粒径（称为d_{60}）和有效粒径（称为d_{10}或d_e）有关。为了建立分级过滤砂（Graded filter sands）和渗透性（Permeablity）之间的关系，Allen Hazen（1892）提出了有效粒径d_{10}（Hough，1957）和Hazen不均匀系数（Uniformity Coefficient）的概念：$C_u=d_{60}/d_{10}$（Trefethen，1959），级配越好则不均匀系数越大（Means和Parcher，1964），表示土中包含的粒径级越多，粗细料粒径之间的范围就越大，土也就越不均匀（刘杰，1992）。另外，不均匀系数在卫生工程中的应用远比在土力学中广泛（Taylor，1948），用在土力学中是为了描述颗粒粒径的均匀性（Taylor，1948）。

Hazen的发现也使得后来的研究者开始猜测d_{10}和C_u会否同样适于描述自然界中混合土料的级配特征（Terzaghi，1996），以便土木工程师通过该参数获得更多对天然土料的认识。后来的研究结果还表明对于砂土的级配应该用不均匀系数来表述，而不是级配良好与级配不良（Terzaghi，1996；Rosenak，1963），对细粒土料粒径特征而言，d_{20}和d_{70}也是重要的量化指标。

大量试验资料表明，不均匀系数C_u相同的土，尽管粗料级配相同，若细料组成的变化范围较大，土的性质同样差别较大，这一点在土的渗透性方面尤为突出。不均匀系数 C_u 的大小能反映离散程度，并不能反映起影响作用的细料含量及级配问题（刘杰，1992）。从现有资料来看，曲率系数 C_c 最早出现在美国土工手册（Earth Manual）中，主要为了表述土颗粒粒径分布曲线的形状（Earth Manual，1956）、颗分曲线类型以及细料含量，也是评价颗粒级配优劣程度的系数。对于级配连续的土，细料级配的变化范围一般都不太大，曲率系数 C_c 一般变化于 1～5 之间，充分反映了 30%的细料粒径在土中所占比例的参数（刘杰，1992）。

此外，相当部分的早期土力学专著在介绍上述级配参数时所引用的颗分曲线中土样最大粒径都很小，如 *Physical Properties of Soils*（1964）为 1mm；*Mechanics of engineering soils*（1953）为 2mm；*Basic soils engineering*（1957）、*Principles of Soil Mechanics*（1963）、*Soil Mechanics in Engineering Practice*（1948，1996）、*Soil Mechanics*（1976）、*Soil Mechanics，SI editon*（1969）、*Series in Soil Engineering*（1979）、*Fundamentals of Soil Mechanics*（1948）等土力学专著中颗分曲线的最大粒径均为 10mm。

综上，有效粒径 d_{10}、控制粒径 d_{60} 及不均匀系数 C_u 等级配参数最初的提出是基于粒径很小的砂粒料，主要用于评价级配砂粒料的渗透性，以便服务于市政卫生工程，后来为了方便土木工程师对自然界土料的认识才引入了土力学。曲率系数 C_c 则主要为了表征颗分曲线类型和细料含量，且相当部分的早期土力学专著在介绍上述参数时所引用的级配分布曲线中土料的最大粒径都很小。

1.3.2 土石混合料工程特性研究现状

1.3.2.1 土石混合料填筑及受力级配变化研究现状

土石混合料一般由粗颗粒形成骨架，细颗粒填充孔隙。决定土石混合料密度的因素除压实方法外，还取决于样品尺寸（Cerato 等，2006）、粗粒料自身的颗粒级配组成（Kirkpatrick，1965；Antony 和 Kruyt，2009；Ueda 等，2011），即粗料含量、最大粒径（Fakhimi 和 Hosseinpour，2011）、颗粒性质、颗粒形状（Kolbuszewski 和 Frederick，1963）、颗粒压碎（Hamidi 等，2009）等内在因素。Rücknagel 等（2013）对土石混合料中砾石含量对土体压缩性能的影响进行了试验研究，发现高砾石含量（体积含量超过 15%～20%）在土石混合料压缩过程中起到骨架作用，对细粒料起到了保护作用，避免其被压缩。影响粗粒土填筑材料填筑密度因素为施工因素，包括自然因素和人为因素等。自然因素包括填料性质、场地条件、气候与天气因素，如 Bigl 等（1996）对四种不同级配组成的级配碎石进行了不同含水状态下的冻敏感性、水力特性试验，不同含水量下冻结和融化状态的动三轴试验，分析了级配碎石在冻融过程中的特性变化，及含水量、密实度、级配组成对其特性的影响。Watanabe等（2013）应用CT试验通过跟踪砂土颗粒研究了三轴压缩试验中的颗粒位移，计算和分析了三维情况下砂土的位移矢量。Lade等（1996）的研究成果表明，以级配参数中有效粒径表示颗粒破碎较为重要，提出了基于 d_{10} 变化的相对破碎概念，即 $B_{10}=1-d_{10f}/d_{10i}$，其中 d_{10f} 表示颗粒破碎后的有效粒径，d_{10i} 表示颗粒试验前的有效粒径。Biarez等（1997）用试验前后的颗分曲线上的不均匀系数表示颗粒破碎程度，颗粒破碎越多试验前后的变化就越大。Nakata等（1999）在将试验颗粒破碎后的颗分曲线上取初始颗分曲线上最小粒径（d_0）所对应的重量百分比（假定为 R），重新定义了表示颗粒破碎程度的参数，即 $B_f=1-R/100$。Luo等（2014）对不同含水率和粒径的埃格林砂进行了动压缩试验，发现破碎因子与含水率线性相关。Huang等（2013、2014）通过分析不同颗粒尺寸和级配的石英砂动态压缩响应试验及脆性颗粒材料动压缩响应对颗粒破碎影响，表明能量吸收密度以及颗粒破碎程度与轴向应力的对数呈线性关系。Shahnazari等（2013）通过三轴压缩试验研究了影响钙质砂破碎的参数，指出围压对破碎起到了很大作用，颗粒的屈服应力是主要颗粒破碎的起始应力。Wang等（2013）通过颗分试验和压缩试验研究了泥岩和砂岩混合物在压缩过程中的破碎和压密特性，对不同泥岩含量对混合物的最大干密度、最优含水率以及平均相对破碎率进行了分析，发现最大干密度和最优含水率是随着泥岩含量的增加呈现先增大后减小的趋势。Zhang等（2012）对堆石坝中泥质粉砂岩在受力和风化作用下的颗粒破碎进行了研究，发现水和热老化对该砂岩的颗粒破碎有重要影响，颗粒破碎可以分为角断裂、颗粒破碎和颗粒断裂，随着试验循序的增加风化率在降低。Omidvar等（2009）通过对砂土高应变率情况下进行分离式霍普金森压杆试验和单轴压缩试验发现，颗粒破碎随着高应变率荷载的增大而减小，颗粒破碎因子在高应变率荷载作用下比静荷载作用下降低25%。Hosseininia等（2007）应用离散元分析了土颗粒的破碎情况，通过模拟试验评价了微观土颗粒的摩擦角、体积应变、膨胀角和弹性模量。Wood等（2007）基于最大颗粒粒径线、初始颗分曲线、试验后的颗分曲线及极限颗分曲线这四条曲线提出了级配动态指数 I_G，即试验后的颗分曲线与最大颗粒粒径线所围的面积除以极限颗分曲线与最大颗粒粒径线所围的面积，级配状态指数 I_G 的增加意味着颗粒破碎程度的增大。何兆益（1996、1997）等通过研究关键粒径对级配碎石性能的影响确定了各关键粒径的通过率范围，提出了最佳级配集料，给出了改善级配碎石使用性能的合理建议。屈艳红等（2012）通过对南水北调中线工程石门河西约4km的渠道砂砾石开挖料压实性能分析，研究了砂砾石料颗粒特性、砂砾石料细颗粒含量对孔隙率的影响以及碾压遍数与干密度的关系，发现在砂砾石料的压实过程中存在最优细颗粒含量，当细颗粒达到最优含量时，粗颗粒形成完整骨架，细颗粒充满骨架孔隙，孔隙率达到最小值。陈志波等（2008）依据等量替换法剔除超径颗粒后，对糯扎渡堆石坝心墙料的不同掺砾量的宽级配砾质土进行了重型击实试验，结果表明随掺砾量或粗料含量的增大，最大干密度呈先升后降的变化趋势；击实后颗粒破碎随粗料含量的增大而增加。

可见，目前大多数研究主要针对常规土体和碎石的颗粒性质对堆积特性及填筑密度的影响，对土石混合料料试验前后级配（粒组）变化开展的研究考虑的因素较为单一。

1.3.2.2 土石混合料直剪试验合理开缝宽度及可靠性研究现状

美国 ASTM 3080—04（2009）及 ASTM D3080/D3080M—11（2012）等规范中提到：在某些情况下，为适应试样粒径，上下剪切盒之间的开缝宽度应该增大，甚至有可能会超过某特定值，但目前根据颗分曲线来确定开缝宽度尚缺乏足够证据。这些规范对剪切试验的开缝宽度并没有给出合理的建议。郭庆国（1998）统计了国内成都勘测设计院等 21 家单位的大型直剪试验资料，发现开缝尺寸多位于 $1/3d_{max}$～$1/4d_{max}$ 之间，这与我国《土工试验方法标准》（GB/T 50123—2019）中对粗颗粒土直剪试验推荐的开缝尺寸相同，也就是建议颗粒粗时开缝尺寸大些，颗粒细时开缝尺寸小些。

确定直剪试验开缝宽度的研究方面，Shibuya 等（1997）建议砂料直剪试验的开缝宽度应取试验材料 10～20 倍的平均粒径，但 Simoni 等（2006）认为此直剪试验开缝宽度对于粗粒土偏大，在直剪试验中均采用了 1.0 mm 的开缝宽度。Lings 和 Dietz（2004）在莱顿巴泽德干砂的直剪试验中将开缝宽度设为土样的 5 倍平均粒径，即 4mm。Kim 等（2012）在丰浦砂直剪试验中，分别设置 0.2mm、0.5mm、1.0mm、2.0mm、3.0mm 和 4.0mm 的开缝宽度，发现开缝宽度对土料挤出、抗剪强度及剪胀性有重要影响，试样峰值剪切强度随着开缝宽度的增大而降低。Kim 等（2012）通过对比七种砂土和黏土的直剪试验，认为内摩擦角开始急剧减小时所对应的开缝宽度即为合理开缝宽度，土料的平均粒径对开缝宽度有重要影响。

已有研究成果（Terzaghi，1950；陈愈炯，1984；郭庆国，1996）表明，砂土含水率从 0 增加到 1%，φ'变化约 2°。砂土的 φ'随所含矿物不同而在很小范围内增大或减小，若含水率继续增加，则 φ'不再发生变化，显然这个规律对于不含粉粒和黏粒的碎石土也是适用的。Kumar（2013）认为同种土料在相同排水条件下，三轴试验和直剪试验的强度包络线是一致的。Matsuoka（1998、2001）和 Liu（2009）分别对比了相似级配和相同级配堆石材料的三轴压缩试验和直剪试验的试验结果，认为两种试验方法得到的强度包络线吻合很好，在强度对比中综合考虑了内摩擦角和黏聚力两种因素的影响。

可以看出，尽管开缝宽度对土石混合料直剪试验结果有重要影响，但对直剪试验合理开缝宽度的研究并没有系统地展开，研究成果中建议的开缝宽度及其确定方法也不一致，《土工试验方法标准》（GB/T 50123—2019）建议的 $1/3d_{max}$～$1/4d_{max}$ 开缝宽度是否适用于缺失中间粒径的土石混合料同样值得商榷，对缺失中间粒径的直剪试验合理开缝宽度研究也未见报道。

1.3.2.3 土石混合料剪切机理及强度研究现状

土石混合料剪切机理研究方面，Wang 等（2013）用直剪试验和三轴试验研究了颗粒级配对堆积土抗剪强度的影响，认为剪阻角一般随中间粒径和颗粒均匀性的增大而增大，而随均匀系数的增大而减小。Lee 等（2009）通过对碎石粗骨料进行大直剪试验后认为小的骨料粒径可以得到较大的内摩擦角，不均匀系数对抗剪强度影响不大，粒径大、均匀系数小容易导致试验中碎石粗骨料破碎。Hamidi 等（2012）通过 27 个大型直剪试验研究了级配对砂石混合物的抗剪强度和膨胀行为的影响。Liu 等（2014）通过三轴不排水试验研究了级配对颗粒材料剪切强度的影响。得出当不均匀系数从 1.1 增加到 20，不排水剪切强度不断降低。Ahad 等（2009）结合离散元数值模拟和直剪试验对粗颗粒土中粒径对抗剪强度的影响进行了分析研究，通过数值模拟和室内试验结果的比对发现改变样品的级配对粗粒土的力学性能有重要影响，采用剔除法得到的土样抗剪强度比相似级配法要高，建议粗粒土在直剪试验中采用剔除法。Enomoto 等（2013）对级配良好砾质原状土样进行一系列中三轴和大三轴不固结压缩试验后，发现增加颗粒粒径和不均匀系数对动态测量得到的剪切模量超过从静态测量获得的准弹性纵向杨氏模量。Ma 等（2015）结合有限元和离散元用黏性开裂模型对堆石料颗粒破碎进行了模型研究，结果表明围压越高颗粒破碎的数量就越多，在剪切带上的颗粒材料更易破碎。Cabalar 等（2013）通过循环剪切试验和三轴试验发现颗粒形状、细粒含量及级配对砂土的力学性能有重要影响，指出对土进行分类时忽略颗粒形状、细粒的存在和影响是不充分的。

土石混合料级配对强度的影响方面，Irfan 和 Tang（1993）对不同粗颗粒含量的 A 类级配土石混合料进行了固结不排水剪试验和直剪试验，认为粗颗粒（粒径小于 5mm）含量小于 20%情况下，混合料的抗剪强度没有明显提高，在如此低的含量下，粗粒料在剪切过程中的相互咬合和剪胀对剪切强度的贡献是很小的，土体的强度主要由细颗粒承担；当粗颗粒含量为 20%～30%时，混合料的抗剪强度开始有少量增加；当粗颗粒含量超过 30%时，由于剪切过程中粗粒料的相互咬合作用的增强，混合料的抗剪强度迅速增加。Xu 等（2011）对土石混合料进行大型直剪试验发现土石混合料的颗粒分布曲线具有多模态特征，石块所占的比例对土石混合料的抗剪强度有重要影响。Khoiri 等（2014）对中国台湾西岸和中心地区广为分布的最大粒径超过 400mm 的不良级配卵砾石土进行了三轴压缩试验、直剪试验、现场大剪试验及室内参数反分析，认为内摩擦角在对数坐标下随小主应力增加而增加，取值为57°～50°，而剪胀角随小主应力增加而减小。Wang等（2015）应用离散元方法模拟了不良级配铁路路基碎石的直剪试验，发现抗剪峰值角随着接触摩擦系数增大而增大，碎石抗剪强度随着水平荷载增大而增大，碎石颗粒在剪切过程中是压缩的，并且与正应力相关。Miller和Sowers（1957）通过对不同粗颗粒含量的混合料（粒径比例从砂子细砾到黏土）重塑样进行不固结不排水三轴试验，认为当粗颗粒含量达到67%～74%时，混合料的抗剪强度主要由粗颗粒形成的骨架承担。Holtz和Gibbs（1956）对黏土中掺加不同含量砾石的混合料（砾石含量为0%～65%）进行了不固结不排水三轴试验，发现当砾石含量低于35%，含砾黏土的强度并没有明显增大；当砾石含量为35%～50%，强度增加明显，且相同砾粒含量情况下，含砾黏土的内摩擦角低于含砾砂土。上述研究表明当粗颗粒含量超过35%时，粗颗粒之间的相互接触增大了混合料的有效内摩擦角，相应的也降低了黏聚力；当粗颗粒重量含量达到60%～80%时，粗颗粒形成土骨架，非均质体强度明显增大。Patwardhan等（1970）对卵石平均粒径为150mm的卵石黏土混合料，直剪盒尺寸为910mm×910mm，在不施加法向荷载情况下开展了一系列剪切试验，认为卵石含量低于40%时卵石黏土混合料的抗剪强度随着卵石含量的增大而缓慢增加，当卵石含量超过40%，抗剪强度明显增大。Liu等（2015）通过分析直剪试验中碎石骨料的宏观和微观力学特性，得出在一定粒径范围内，在同样垂直压力作用下的抗剪强度和压缩位移随着粒径的增大而增大。Vallejo等（2000）研究了孔隙率对土石混合料抗剪强度的影响，得到抗剪强度与大颗粒与黏土的相对集中程度有关，如果粗颗粒占到土石混合料75%以上，则混合料抗剪强度主要由粗粒料来控制。如果小于40%则主要由粗粒材料周围的黏土来控制。黄斌等（2012）选取含石量（粒径大于5 mm粗粒料含量）分别为0%、30%、50%、70%和100%的5组试件，采用室内大型三轴试验进行含石量对土石混合体强度特性影响的试验研究，认为当夹泥碎石土的粗料含量小于30%时，抗剪强度基本上取决于细料，随着粗料含量的增大抗剪强度增加甚微；当粗料含量为30%～70%时，碎石土的抗剪强度取决于粗、细料的共同作用，随着粗料含量的增加显著增大；当粗料含量大于70%时，碎石土的抗剪强度主要取决于粗料，并且随着粗料含量的增大，抗剪强度有所减小。一方面，因细料填不满粗料孔隙，碎石土的密度会减小；另一方面，在同样的压实功能下，作用力由粗料骨架承担，处于孔隙中的细料得不到压实，使碎石土的抗剪强度不但不增加，甚至会减少。Araei等（2012）研究了干燥和饱和情况下，不良级配高坝破碎砾岩堆石材料的单剪和循环剪大三轴试验，得到失效时的轴向应变随围压增加而增加，体积变化呈压缩趋势；围压作用下，干燥堆石材料最大偏应力对应的体应变变化是不明显的，但饱和材料较高。Rahardjo

等（2008）研究了饱和和非饱和情况下表层土和花岗岩碎块混合土料的水力参数和抗剪强度，得出混合土料的土水特征曲线的参数（残余基质吸力及残余体积含水量等）发生了变化，抗剪强度随花岗岩碎块的含量增加而增加。马骉等（2005）用自行研制的柔性材料剪切性能测试仪，通过级配碎石抗剪切性能试验研究，分析了不同筛孔及其通过率对级配碎石剪切性能的影响，推荐关键筛孔4.75mm、2.36mm、0.60mm和0.075mm，基于剪切性能的通过率合理变化范围分别为35%～44%、22%～37%、10.0%～17.5%和2.0%～7.5%。薛亚东等（2014）分析了不同含石量情况下崩积混合体变形与强度变化规律，认为含石量高（60%～80%）的混合体应变硬化程度明显强于含石量低（20%～40%）的混合体，说明含石量为40%～80%时，崩积混合体组成结构特征发生了转变，崩积混合体从更倾向于土体的性质过渡到更倾向于块石的性质。卢廷浩等（1996）对瀑布沟土石坝宽级配土心墙料在不同应力路径下的变形特征进行分析，宽级配土的应力变形特征主要为应变硬化和剪缩，应力应变关系近似为双曲线。王江营等（2013）基于正交设计方法开展了一系列土石混填体室内大型直剪试验研究，结果表明土石混填体抗剪强度主要源于内部石料间的相互嵌入、咬合及摩擦等作用，含石量是影响土石混填体强度特性最主要的因素，随着试样中含石量的增加其内摩擦角近似呈线性增加。综合来看，土石混合料的抗剪强度与材料粒径、级配、岩性及细料含量有关。砾石含量为30%和70%是两个影响土石混合料工程特性变化的特征点（刘建锋等，2007），砾石含量小于30%时，随粗料含量增加剪切强度稍有增加；当砾石含量大于70%时，剪切强度主要是粗粒料之间在剪切过程中产生的摩擦力和咬合力；当砾石含量为30%～70%时，随粗料增加剪切强度显著增大；当土石混合填料中石料含量达到70%～80%时，土石混合料表现出较小的压缩性（郭庆国，1996；曹光栩等，2010），填料密度也较大。

上述土石混合料剪切机理和强度方面的研究表明，作为骨架的粗粒料主导了土石混合料的力学特性，并在剪切过程中决定了其变形、破坏的发展过程，但由于土石混合料力学性质和力学行为十分复杂，剪切试验条件和土石混合料工程地质性质的差异导致了以往剪切机理和强度研究缺乏系统性，结论不全面，甚至不一致；针对不同级配类型的国内外相关土石混合料剪切特性的规律性基础研究明显不足，严重滞后于工程建设，对相应级配剪切机理尚无成熟理论。

综上所述，由于土石混合料力学性质和力学行为较为复杂，目前有关高填方土石混合料在剪切机理和强度特性方面的基础研究相对薄弱。堆积特性及填筑密度研究成果中主要针对的是常规土体和碎石的颗粒性质，对土石混合料试验前后级配（粒组）变化开展的研究考虑的因素较为单一；尽管开缝宽度对直剪试验结果有重要影响，但对土石混合料直剪试验中合理开缝宽度的研究并没有系统地展开，建议的开缝宽度及确定方法也不一致，相关规范建议的粗粒土剪切开缝宽度是否广泛适用同样值得商榷。土石混合填筑料强度特性方面缺乏系统分析，相应级配剪切机理尚无成熟理论，亟须开展深入研究。

1.4 技术路线及主要研究内容

本书结合高填方土石混合料具体特点，以机场工程现场调查、勘查报告、设计与试验段资料为基础，室内试验为主体，颗粒流数值模拟为辅助手段，将土石混合料的级配问题与基于物理力学试验及数值模拟有机结合，开展典型机场高填方土石混合料的剪切机理和强度特性问题研究，主要内容如下。

1.4.1 高填方填筑材料特征分析及分类

(1) 系统调查机场高填方工程建设现状，总结我国典型机场高填方工程的情况及填筑材料类型及特点。

(2) 从尺度特征、级配特征及强度特征等方面对典型机场高填方土石混合填筑料的材料特性进行深入分析。

(3) 在总结现有国内外土料分类规范的基础上，以能更好地反映高填方土石混合料的压实性、抗剪强度、压缩性、透水性等工程性质为目标，兼顾机场高填方工程中填筑料实际，建立适合机场土石混合料分类体系。

1.4.2 颗分曲线与级配方程

(1) 在系统分析我国典型机场高填方填筑料粒组含量差异及组成特点分析基础上，提出机场高填方填筑土石料颗分曲线划分类型及划分标准。

(2) 分析现有颗分曲线形态控制参数，结合粒子群优化算法，构建能完整描述连续级配形态及单峰、双峰及多峰形态的土石混合料级配方程。

1.4.3 级配类型与孔隙比关系分析

(1) 以试验室量测土样最大、最小孔隙比的试验步骤为基础，建立土石混合料二维数值试样在不同物理状态下最大和最小孔隙比的数值计算方法。

(2) 借助 PFC^{2D} 仿真模拟，研究土体颗粒骨架与力链结构的关系，分析不同级配类型土石混合料自由堆积情况下的骨架效应及最大孔隙比特征。

(3) 通过仿真模拟，对数值试样施加振动达到最密实状态，研究典型土石混合料数值试样最小孔隙比的分布规律及与级配类型的对比关系。

1.4.4 土石混合料直剪试验开缝宽度试验研究

(1) 结合 PFC^{2D} 颗粒离散元数值仿真试验，分析不同开缝宽度下各级配土石混合料变形与强度的变化规律和内在机理。

(2) 通过对比数值模拟与室内试验结果，研究不同开缝宽度对典型缺失中间粒径土石料抗剪强度的影响，及缺失中间粒径土石混合料骨架结构中力传递路径、强度形成机理及土石混合料变形与破坏机制。

(3) 对比相同级配和相对密度下的大型直剪和三轴压缩试验结果，提出典型缺失中间粒径土石料合理开缝宽度的试验依据。

1.4.5 土石混合料剪切特性分析

(1) 根据土石混合料颗粒组成的基本特点，提出剪切试验研究基本假定，深入研究影响土石混合料抗剪强度的主要影响因素及剪切滑带范围。

(2) 控制相对密度和磨圆度一致，在大型室内直剪试验基础上，研究不同级配土石混合料剪切过程中的力学特性及变形规律。

(3) 结合室内大型直剪试验结果和理论推导，剪切弱面原理和弱面一致原理，研究土石混合料粒组特征和强度关系，探讨不同级配情况下土石混合料的剪切特性。

第2章 土石混合料工程特征分析及分类

2.1 机场高填方工程建设现状

经过几十年的建设和发展，我国机场总量初具规模，机场密度逐渐加大。目前，东部大型机场基本饱和，随着国家“一带一路”倡议的实施，产业开始向中西部加速转移，充分开发中西部地区的航空资源、进一步增加中西部地区的机场，特别是山区支线机场的数量、优化布局结构成为民航发展的现实需求。

“十二五”期间，民航业基础设施建设投资达到4250亿元，新建山区高填方支线机场40个，扩建山区高填方机场7个。“十三五”规划新增机场66个，在建机场28个，2020年我国将初步建成民航强国，届时民用机场将达到272个，航空服务范围将覆盖我国93.2%的地级市、89%的县级行政单元。

为满足未来经济社会发展需要，进一步提高国家竞争力，优化机场布局和适度增加机场总量已成为未来时期我国机场发展的重要课题。根据国家发展改革委发布的《全国民用运输机场布局规划》，到2030年，我国将再新增机场163个，届时民用机场将达到397个。

山区高填方机场多具有三面一体结构（图2.1），由于建设发展迅速，最大填方高度和挖填方量不断刷新，百米级高填方机场数量日益增多，重庆机场、承德机场和吕梁机场等最大填方高度均超过100m，如此大规模的山区高填方机场建设在全世界也是罕见的。

我国部分山区机场高填方工程数据见表2.1。可以看出，除云南临沧机场、腾冲机场及山西吕梁机场为红黏土和黄土等细颗粒填筑料外，其余22个高填方机场填筑料为土石混合料。

将表2.1中山区高填方机场挖填总方量进行统计（图2.2），高填方挖填量多为$1.5\times10^7\sim3\times10^7\text{m}^3$，四川九寨机场、四川攀枝花机场、贵州六盘水机场、昆明长水机场及重庆机场超过了$5\times10^7\text{m}^3$，昆明长水机场挖填方量最大，达到$36\times10^7\text{m}^3$。图2.3为各山区高填方机场的最大填筑高度对比，高填方填筑高度多为20～60m，四川九寨机场、四川攀枝花机场、贵州六盘水机场、贵州怀仁机场、云南腾冲机场、山西吕梁机场、河北承德机场、重庆万州机场及重庆机场超过了60m，承德机场最大填方高度达到了114m。

表 2.1　　我国部分山区机场高填方工程数据

序号	工程名称	机场标高/m	跑道长度/m	挖填总方量/($\times10^7$ m^3)	最大填方高度/m	最大边坡高度/m	主要填料性质	地形地质条件
1	四川九寨机场	3447.0	3400	6.10	104.0	138.4	粉质黏土、砂砾石混合料	局部软土，恶劣气候条件
2	四川攀枝花机场	1976.0	2800	5.40	65.0	123.0	泥/页岩、砂岩	顺坡填筑、炭质泥岩
3	四川康定机场	4242.0	4000	3.90	50.0	85.8	粉土、漂石	冰川地貌，冰碛土
4	四川广元机场	628.0	2500	1.30	38.0	42.0	泥、砂岩	泥岩、砂岩、页岩互层
5	四川绵阳机场	519.0	2400	0.50	28.0	33.0	含卵砾石土	丘陵地带
6	四川巴中机场	549.5	2600	2.6		110.5	全强风化砂岩	顺坡填筑、全强风化砂岩
7	四川稻城亚丁机场	4410	4200	1.465	26	30	冰碛土	含漂砾、砂土的碎石冰碛土
8	甘孜格萨尔机场	4061	4000					
9	四川遂宁机场	345	2600		38	49	粉砂质泥岩石料	第四系覆盖层厚度大
10	贵阳龙洞堡机场	1139.0	3200	2.35	54.0	61.0	石灰岩块碎石	岩溶地貌为主
11	贵州荔波机场	825.1	2300	2.25	59.0	59.0	泥、砂岩	丘陵，顺坡填筑、炭质泥岩
12	贵州兴义机场	1259.0	2300	2.40	42.0	38.0	白云岩块碎石	岩溶地貌
13	贵州铜仁机场	705.0	2000	0.40	24.0	31.0	白云岩块碎石	岩溶地貌
14	贵州六盘水机场	1969.3	2800	5.97	85.1	153.0	强风化砂岩、炭质泥岩	溶蚀山地地貌
15	贵州怀仁机场	1228.5	2600	3.46	95			
16	云南临沧机场	1900.0	2400	2.70	48.8	51.0	红黏土	丘陵，沟谷
17	云南大理机场	2155.0	2600	1.55	30.0	42.0	白云岩	岩溶地貌，山谷
18	云南腾冲机场	1885.6	2350	1.62	61.0	54.0	红黏土	丘陵地貌
19	云南澜沧机场	1350	2600					
20	重庆万州机场	569.3	2400	1.58	64.0	69.0	泥、砂岩	丘陵，沟谷
21	福建三明机场	283.0	2800	1.65	28.0	25.0	泥、砂岩	丘陵地带，地形复杂
22	昆明长水机场	2102.5	4000	36.0	54.0	42.0	碎屑岩、石灰岩块碎石	岩溶地貌为主
23	重庆机场	400.0	3800	13.10	96.0	161.0	泥、砂岩	构造剥蚀浅丘斜坡地貌
24	山西吕梁机场	1162.5	2600	4.23	85.0	120.0	黄土	黄土丘陵区
25	河北承德机场	638.0	2400	3.69	114.0	140.0	凝灰岩	山地微地貌和流水微地貌

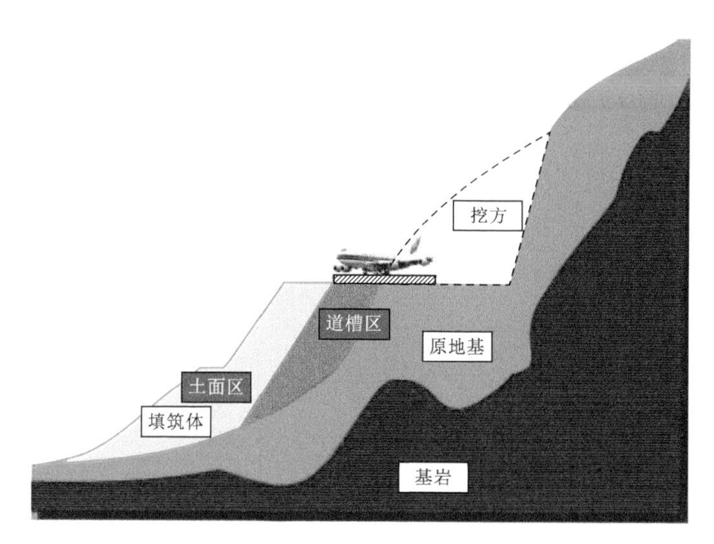

图 2.1　机场高填方三面一体结构组成

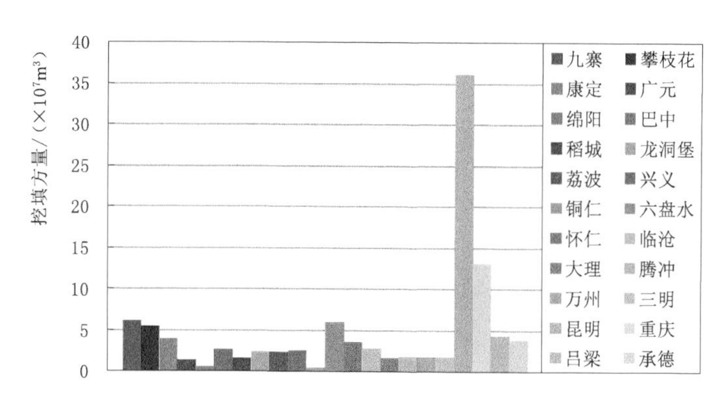

图 2.2　部分山区高填方机场挖填总方量统计

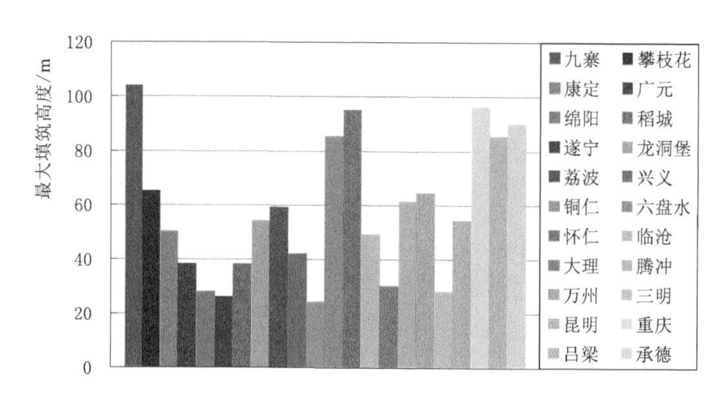

图 2.3　部分山区高填方机场最大填筑高度统计

2.2　土石混合料物理力学特征分析

为了解和研究土石混合料的工程特征，整理了重庆、九寨、攀枝花、康定、福建三明、昆明新机场、巴中、稻城亚丁等13个机场31个料场145条填筑料颗分曲线和319条场地地基土料，共464条颗分曲线。典型土料颗分曲线具体见图2.4～图2.17。各典型土料以不同标号标注在相应级配曲线图例中。

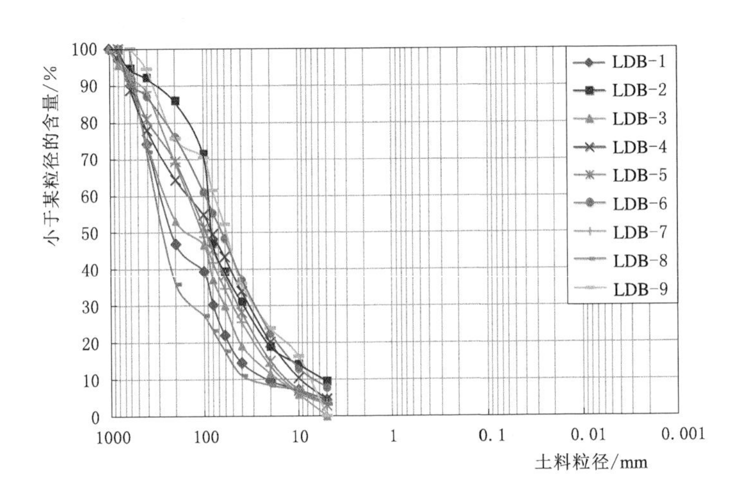

图2.4　贵阳龙洞堡机场石灰岩碎石土典型颗分曲线

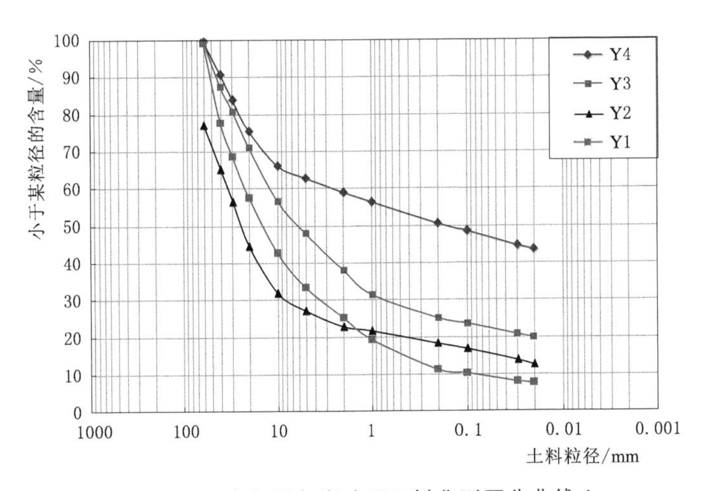

图2.5　九寨机场灰岩砂砾石料典型颗分曲线1

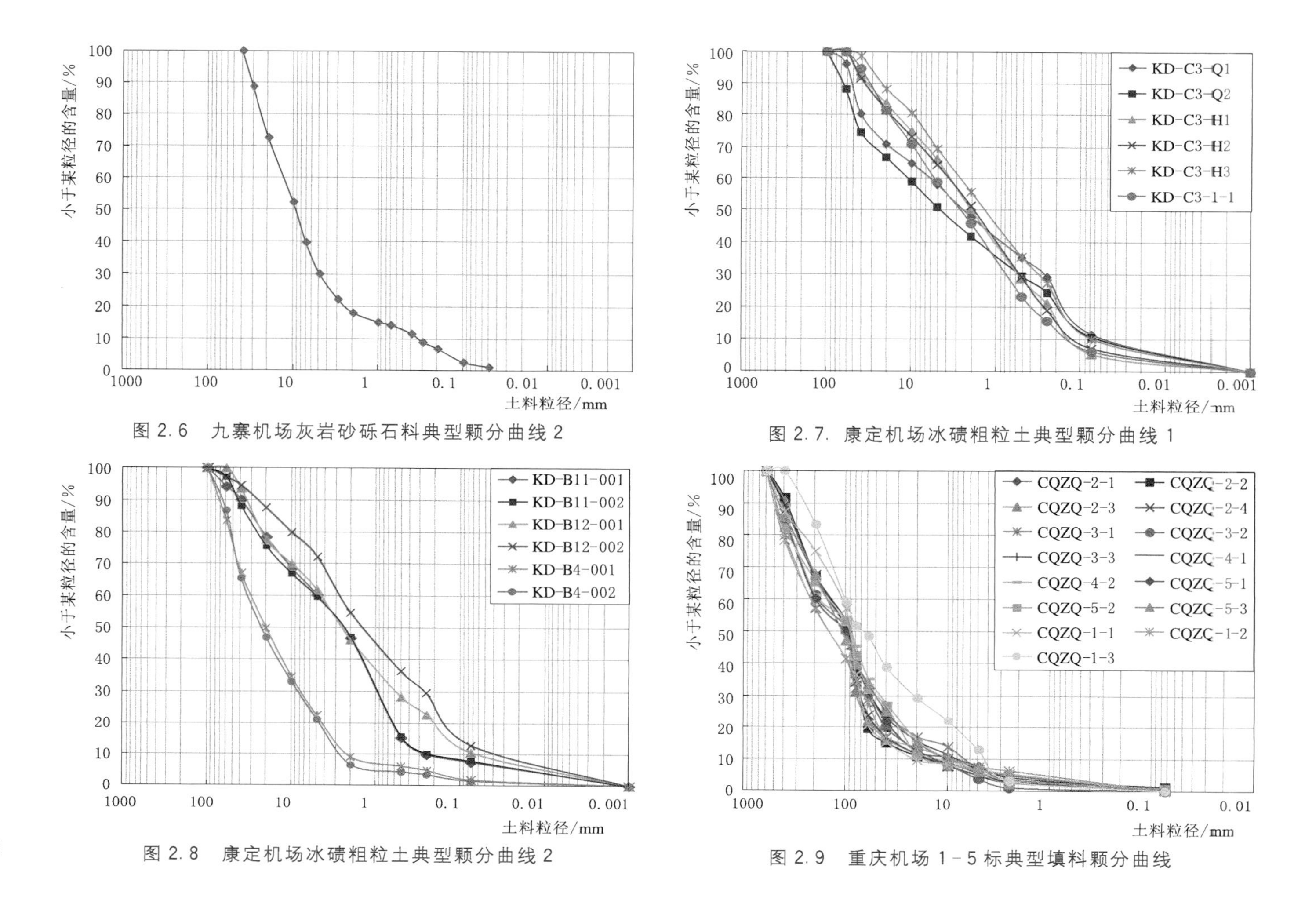

图 2.6 九寨机场灰岩砂砾石料典型颗分曲线 2

图 2.7. 康定机场冰碛粗粒土典型颗分曲线 1

图 2.8 康定机场冰碛粗粒土典型颗分曲线 2

图 2.9 重庆机场 1－5 标典型填料颗分曲线

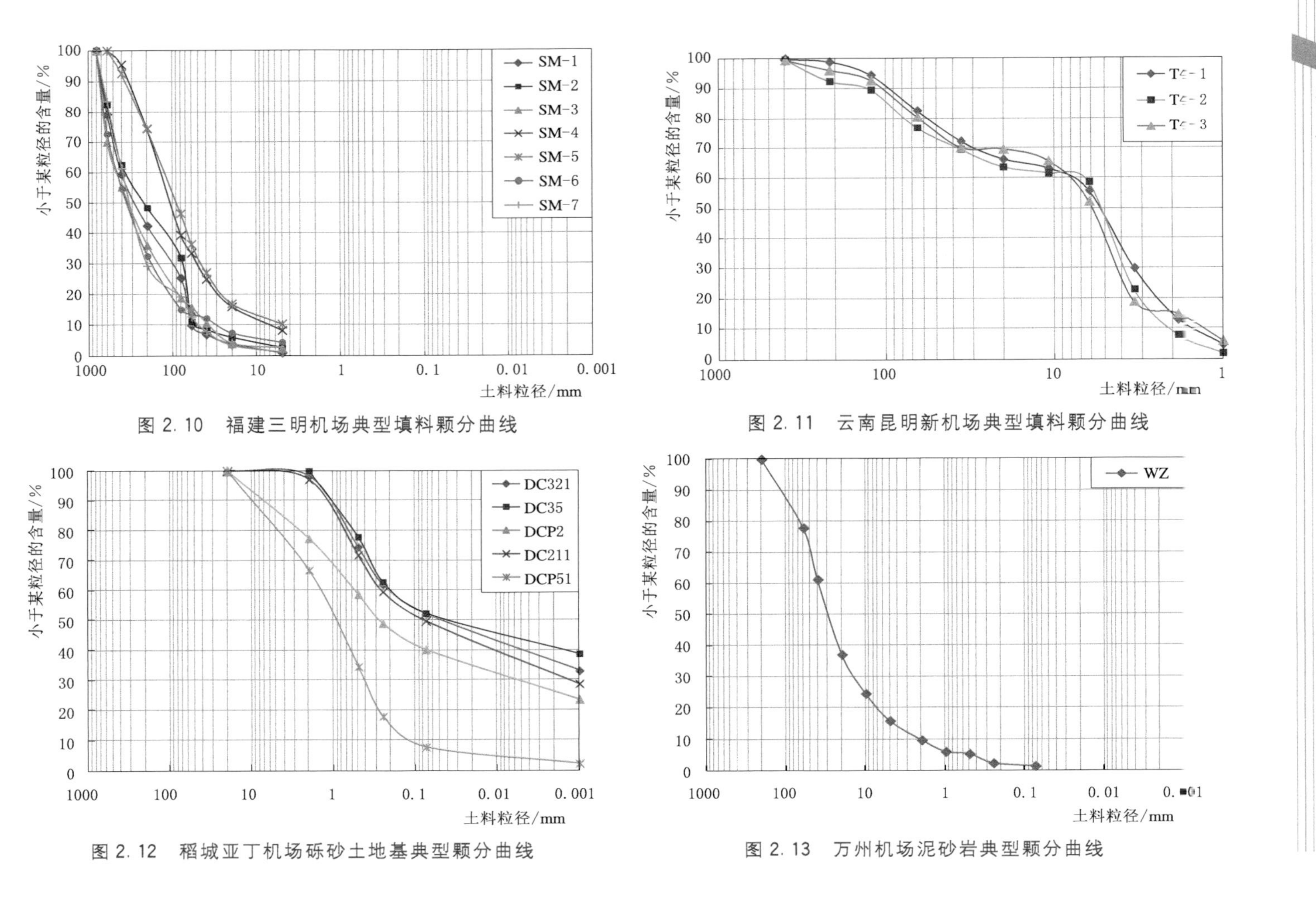

图 2.10　福建三明机场典型填料颗分曲线

图 2.11　云南昆明新机场典型填料颗分曲线

图 2.12　稻城亚丁机场砾砂土地基典型颗分曲线

图 2.13　万州机场泥砂岩典型颗分曲线

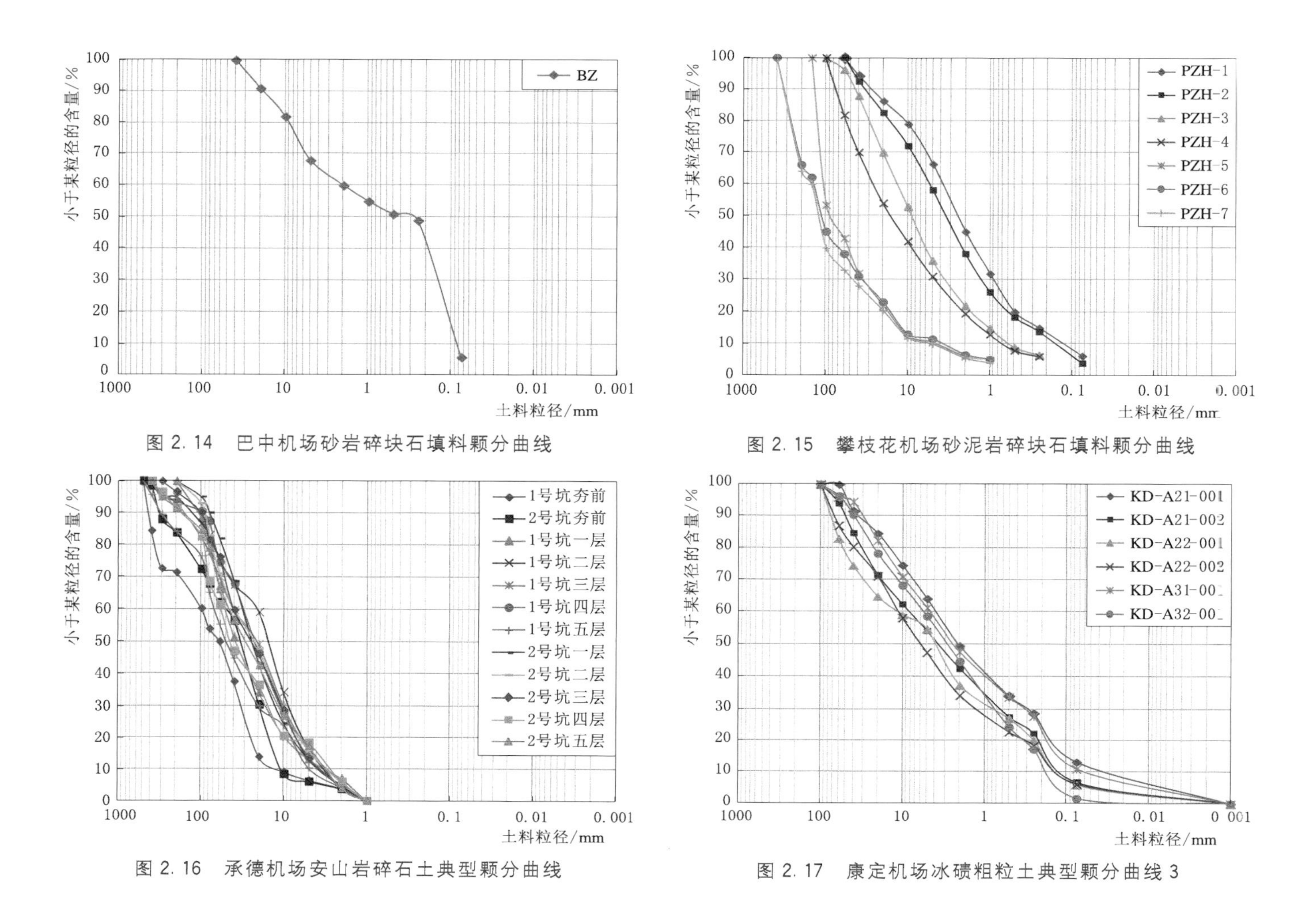

图 2.14 巴中机场砂岩碎块石填料颗分曲线

图 2.15 攀枝花机场砂泥岩碎块石填料颗分曲线

图 2.16 承德机场安山岩碎石土典型颗分曲线

图 2.17 康定机场冰碛粗粒土典型颗分曲线 3

2.2.1　材料特征

土石混合料颗分曲线还可以看出，填筑料涵盖了砂砾石、碎石土、巨粒土等，机场地基土料涵盖了粉砂、粉土、粉质黏土、黏土、砂土、变质砂岩及角砾岩等多种土料。黏粒和粉粒含量普遍低，甚至小于3%；填筑料颗粒粒度普遍变化大，最大粒径达1000mm。

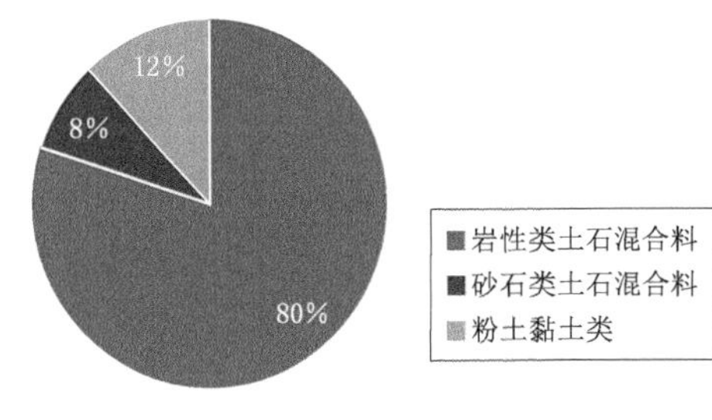

图2.18　机场高填方典型填筑料比例分布图

对收集到的25个机场高填方填筑料特征进行统计，见图2.18。可以看出，岩性类土石混合料占比为80%，是目前工程填料的主体。另外，砂石类土石混合料占比为8%，粉土黏土类的填料占比为12%，作为工程填料的比例总体偏低。

2.2.2　尺度特征

高填方施工中，不同尺度土石混合料粒组的组成比例不同，承受自身重力及外力荷载时土体骨架的组成也就不同，进而对土石填筑体的宏观物理力学特性产生明显影响。

对收集到的机场高填方土石混合料的145条级配曲线进行尺度特征分析，按《土工试验方法标准》（GB/T 50123—2019）统计粒组组成：①块石（$d>200$mm）；②碎石（$200\text{mm}\geqslant d>60$mm）；③粗砾（$60\text{mm}\geqslant d>20$mm）；④中砾（$20\text{mm}\geqslant d>5$mm）；⑤细砾（$5\text{mm}\geqslant d>2$mm）；⑥粗砂（$2\text{mm}\geqslant d>0.5$mm）；⑦中砂（$0.5\text{mm}\geqslant d>0.25$mm）；⑧细砂（$0.25\text{mm}\geqslant d>0.075$mm）；⑨粉粒（$0.075\text{mm}\geqslant d>0.005$mm）；⑩黏粒（$d\leqslant 0.005$mm）。统计结果见图2.19，各粒组所占百分比见图2.20。

上述8座高填方机场中，粗粒粒组（$60\text{mm}\geqslant d>20$mm）最多，达145，每条颗分曲线中均含有该粒组；含有粉粒（$0.075\text{mm}\geqslant d>0.005$mm）和黏粒（$d\leqslant 0.005$mm）粒组的颗分曲线很少，其中含粉粒（$0.075\text{mm}\geqslant d>0.005$mm）粒组的仅有31条，占总数的21%，为统计中粒组含量最少。对比也可以看出，中砾（$20\text{mm}\geqslant d>5$mm）、细砾（$5\text{mm}\geqslant d>2$mm）、碎石（$200\text{mm}\geqslant d>60$mm）等粒组数均较多，分别为140条、129条及123条，各占总数的97%、89%和85%；含有粒径大于200mm的块石粒组的颗分曲线数量为55，占总数的38%。

总体而言，在统计的13个机场土石混合料中：

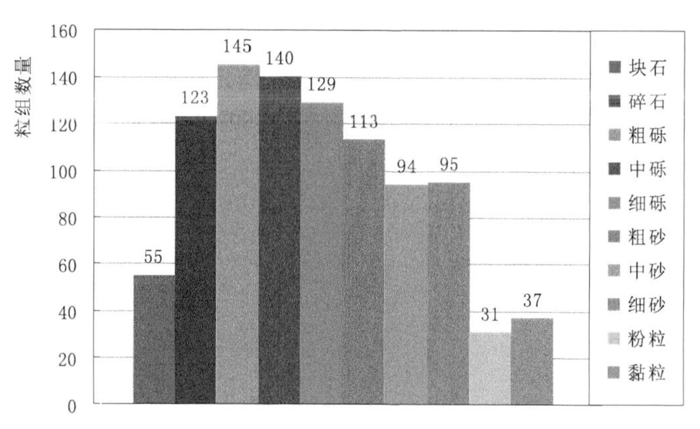

图 2.19 典型机场高填方填筑料粒组数量对比

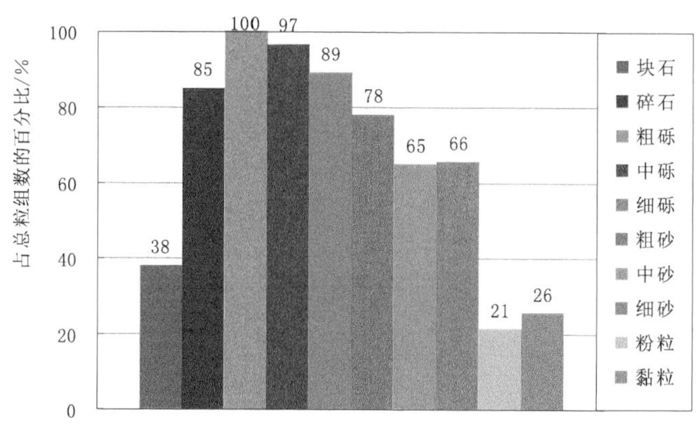

图 2.20 典型机场高填方填筑料粒组所占总数百分比

(1) 填料最大粒径均不大于 1000mm，最小粒径可小于 0.001mm，但所占比例很小。

(2) 填料粒径分布范围多为 600～0.25mm，尤以 200～60mm 的粗颗粒含量最多。

(3) 以控制粒径 d_{60} 来统计 145 条颗分曲线，d_{60} 为 100～0.25mm，也表明该粒径区间为土石混合料的主体。

(4) 目前机场高填方填筑料中，粒径范围基本介于 1000～0.001mm，以 200～60mm 的粒组含量为最多。

2.2.3 级配特征

表 2.2 为万州、巴中、攀枝花、承德、龙洞堡、三明、康定、重庆等 8 座机场 71 处料（场）区的填筑料颗分曲线特性统计表。145 条颗分曲线中，不良级配颗分曲线为 85 条，约占总数的 59%。

表 2.2　我国部分机场高填方填筑材料颗分曲线特性统计表

序号	工程名称	类别	编号	d_{max}/mm	d_{min}/mm	d_{10}/mm	d_{30}/mm	d_{60}/mm	C_u	C_c	连续与否	级配评价
1	万州机场	高填方填料区	WZ	200	0.075	2.0	15	39	19.5	2.88	否	良好
2	巴中机场	川北红层地区	BZ	40	0.075	0.085	0.15	2.0	23.5	0.13	否	不良
3	攀枝花机场	滑坡后缘滑壁	PZH－1	60	0.075	0.13	0.9	3.8	29.23	1.64	是	良好
4	攀枝花机场	滑坡后缘滑壁	PZH－2	60	0.075	0.17	1.3	5.5	32.35	1.81	是	良好
5	攀枝花机场	滑坡后缘滑壁	PZH－3	100	0.25	0.5	3.5	14	28	1.75	是	良好
6	攀枝花机场	滑坡后缘滑壁	PZH－4	100	0.25	0.6	5	28	46.67	1.49	是	良好
7	攀枝花机场	土面边坡	PZH－5	150	1	4.0	37	103	25.75	3.32	否	不良
8	攀枝花机场	土面边坡	PZH－6	400	1	4.5	39	105	23.33	3.22	否	不良
9	攀枝花机场	土面边坡	PZH－7	400	1	5.0	48	106	21.2	4.35	否	不良
10	承德机场	1 号坑夯前	1 号坑夯前	500	1	15	34	110	7.3	0.7	否	不良
11	承德机场	2 号坑夯前	2 号坑夯前	500	1	12	21	52	4.3	0.7	是	不良
12	承德机场	1 号坑一层	1 号坑一层	200	1	3.5	17	51	14.6	1.6	是	良好
13	承德机场	1 号坑二层	1 号坑二层	400	1	3.4	8.5	22	6.47	0.96	否	不良
14	承德机场	1 号坑三层	1 号坑三层	400	1	2.8	10.1	41	14.6	0.9	是	不良
15	承德机场	1 号坑四层	1 号坑四层	400	1	3.7	12	31	8.4	1.3	是	良好
16	承德机场	1 号坑五层	1 号坑五层	500	1	4.7	21	69	14.7	1.4	是	良好
17	承德机场	2 号坑一层	2 号坑一层	200	1	3.8	14	32	8.4	1.6	是	良好
18	承德机场	2 号坑二层	2 号坑二层	200	1	3	11	42	14	0.96	是	不良
19	承德机场	2 号坑三层	2 号坑三层	300	1	3.7	11	41	11.1	0.8	是	不良
20	承德机场	2 号坑四层	2 号坑四层	400	1	2.6	16	59	22.7	1.7	否	良好

续表

序号	工程名称	类别	编号	d_{max}/mm	d_{min}/mm	d_{10}/mm	d_{30}/mm	d_{60}/mm	C_u	C_c	连续与否	级配评价
21	承德机场	2号坑五层	2号坑五层	400	1	3.3	12	49	14.8	0.89	是	不良
22	龙洞堡机场	试验场01	LDB-1	1000	5	12	80	293	24.42	1.82	是	良好
23	龙洞堡机场	试验场02	LDB-2	800	5	5.5	37	91	16.55	2.74	是	良好
24	龙洞堡机场	试验场101	LDB-3	1000	5	18	60	276	15.33	0.72	是	不良
25	龙洞堡机场	试验场 I_{1-} k_1	LDB-4	800	5	10	33	162	16.2	0.67	是	不良
26	龙洞堡机场	试验场 I_{1-} k_2	LDB-5	800	5	14	44	150	10.71	0.92	是	不良
27	龙洞堡机场	试验场 I_{1-} k_3	LDB-6	800	5	7.5	26	98	13	0.91	是	不良
28	龙洞堡机场	试验场 I_{1-} k_4	LDB-7	800	5	17	48	165	9.71	0.82	是	不良
29	龙洞堡机场	试验场抛填	LDB-8	600	5	37	148	330	8.92	1.79	是	良好
30	龙洞堡机场	试验场堆填	LDB-9	600	5	7.2	28	75	10.42	1.45	否	良好
31	三明机场	试验场1-08	SM-1	800	5	60	100	380	6.33	0.44	否	不良
32	三明机场	试验场1-09	SM-2	800	5	52	76	220	4.23	0.50	否	不良
33	三明机场	试验场 $1-09_1$	SM-3	800	5	36	140	380	10.56	1.43	否	良好
34	三明机场	试验场6D1	SM-4	600	5	7.0	52	150	21.43	2.58	是	良好
35	三明机场	试验场6D1-1	SM-5	600	5	5.0	47	122	24.40	3.62	是	不良
36	三明机场	试验场A2-1	SM-6	800	5	30	181	470	15.67	2.32	是	良好
37	三明机场	试验场 E_{1-1}	SM-7	800	5	47	210	410	8.72	2.29	是	良好
38	康定机场	A区料场	kd-a1	100	0.001	0.14	0.5	12	85.71	0.15	否	不良
39	康定机场	A区料场	kd-a2	100	0.001	0.15	0.6	14	93.33	0.17	否	不良
40	康定机场	A区料场	kd-a3	100	0.001	0.15	0.6	18	120.0	0.13	否	不良
41	康定机场	A1区料场	kd-a11-001	100	0.001	0.15	0.5	6.2	41.33	0.27	否	不良

续表

序号	工程名称	类别	编号	d_{max}/mm	d_{min}/mm	d_{10}/mm	d_{30}/mm	d_{60}/mm	C_u	C_c	连续与否	级配评价
42	康定机场	A1 区料场	kd-a12-001	60	0.001	0.025	0.21	3.2	128.0	0.55	是	不良
43	康定机场	A1 区料场	kd-a12-002	60	0.001	0.025	0.18	1.8	72.00	0.72	是	不良
44	康定机场	A2 区料场	kd-a21-001	60	0.001	0.035	0.28	3.9	111.4	0.57	是	不良
45	康定机场	A2 区料场	kd-a21-002	100	0.001	0.13	0.65	8.0	61.54	0.41	是	不良
46	康定机场	A2 区料场	kd-a22-001	100	0.001	0.14	0.32	10.2	72.86	0.07	是	不良
47	康定机场	A2 区料场	kd-a22-002	100	0.001	0.16	1.2	10.3	64.38	0.87	是	不良
48	康定机场	A3 区料场	kd-a31-001	100	0.001	0.06	0.32	4.6	76.67	0.37	是	不良
49	康定机场	A3 区料场	kd-a32-001	100	0.001	0.18	0.75	5.5	30.56	0.57	否	不良
50	康定机场	A4 区料场	kd-a41-001	100	0.001	1.2	0.35	5.0	4.17	0.02	是	不良
51	康定机场	A4 区料场	kd-a42-001	100	0.001	0.055	0.21	2.0	36.36	0.40	是	不良
52	康定机场	A6 区料场	kd-a6-001	100	0.001	0.18	0.75	5.5	30.56	0.57	是	不良
53	康定机场	B 标料场	kd-b-001	100	0.001	4.7	13	38	8.09	0.94	否	不良
54	康定机场	试验段 B1 区	kd-b11-001	100	0.001	0.25	1.0	5.0	20.00	0.80	是	不良
55	康定机场	试验段 B1 区	kd-b11-002	100	0.001	0.26	0.9	5.2	20.00	0.60	是	不良
56	康定机场	试验段 B1 区	kd-b12-001	80	0.001	0.07	0.55	4.6	65.71	0.94	是	不良
57	康定机场	试验段 B1 区	kd-b12-002	100	0.001	0.044	0.35	2.9	65.9	0.96	是	不良
58	康定机场	试验段 B4 区	kd-b4-001	100	0.001	2.3	8.0	32	13.91	0.87	否	不良
59	康定机场	试验段 B4 区	kd-b4-002	100	0.001	2.7	8.1	33	12.22	0.74	否	不良
60	康定机场	试验段 B4 区	kd-b4-011	100	0.001	0.058	0.42	13	224.1	0.23	是	不良
61	康定机场	试验段 B4 区	kd-b4-012	100	0.001	0.03	0.3	5.0	166.6	0.60	是	不良
62	康定机场	试验段 B4 区	kd-b4-003	100	0.001	0.13	0.33	5.5	42.31	0.15	是	不良

续表

序号	工程名称	类别	编号	d_{max}/mm	d_{min}/mm	d_{10}/mm	d_{30}/mm	d_{60}/mm	C_u	C_c	连续与否	级配评价
63	康定机场	试验段 B4 区	kd-b4-004	60	0.001	0.27	1.1	4.8	17.7	0.93	否	不良
64	康定机场	试验段 B4 区	kd-b4-005	60	0.001	0.26	0.42	2.7	10.38	0.25	是	不良
65	康定机场	试验段 B4 区	kd-b4-006	60	0.001	0.13	0.6	4.3	33.08	0.64	是	不良
66	康定机场	C 标区	kd-c	100	0.001	0.055	0.36	4.6	83.64	0.03	是	不良
67	康定机场	C 标区	kd-c3-1	100	0.001	1.2	5.0	11	9.17	2.27	否	良好
68	康定机场	C 标区	kd-c3-2	100	0.001	0.1	1.2	8.5	85.00	0.17	否	不良
69	康定机场	C3 标区	kd-c3-q1	100	0.001	0.05	0.24	6	120.0	0.19	是	不良
70	康定机场	C3 标区	kd-c3-q2	100	0.001	0.06	0.5	11	183.3	0.38	是	不良
71	康定机场	C3 标区	kd-c3-H1	60	0.001	0.14	0.44	3.8	27.14	0.36	是	不良
72	康定机场	C3 标区	kd-c3-H2	60	0.001	0.15	0.55	3.8	25.33	0.53	是	不良
73	康定机场	C3 标区	kd-c3-H3	60	0.001	0.07	0.32	2.8	40.00	0.52	是	不良
74	康定机场	C3 标区	kd-c3-1-1	60	0.001	0.14	0.78	5.5	39.29	0.79	是	不良
75	重庆机场	场道 1 标	cq-1-1	100	2	3.7	16	38	10.27	1.82	是	良好
76	重庆机场	场道 1 标	cq-2	100	2	3.8	12	44	11.57	0.86	是	不良
77	重庆机场	场道 1 标	cq-1-2	100	2	4.6	14	39	8.70	0.92	是	不良
78	重庆机场	场道 1 标	cq-1-3	100	2	2.9	18	37	12.76	3.02	是	不良
79	重庆机场	场道 1 标	cq-1-4	100	2	5.0	17	40	8.00	0.72	是	不良
80	重庆机场	场道 1 标	cq-1-5	100	2	3.5	15	36	10.29	1.79	否	良好
81	重庆机场	场道 4 标	cq-4-1	100	0.075	0.9	10	59	65.56	1.88	否	良好
82	重庆机场	场道 4 标	cq-4-2	100	0.075	1.0	13	58	58.00	2.91	否	良好
83	重庆机场	场道 4 标	cq-4-3	100	0.075	0.55	8.9	56	101.8	2.57	是	良好

续表

序号	工程名称	类别	编号	d_{max}/mm	d_{min}/mm	d_{10}/mm	d_{30}/mm	d_{60}/mm	C_u	C_c	连续与否	级配评价
84	重庆机场	场道 4 标	cq－4－4	100	0.075	1.3	13	60	46.15	2.17	是	良好
85	重庆机场	场道 4 标	cq－4－5	100	0.075	0.63	8.0	54	85.71	1.88	是	良好
86	重庆机场	场道 3 标	cq－3－3	800	2	16	60	261	16.31	0.86	否	不良
87	重庆机场	场道 3 标	cq－3－1	800	5	13	45	160	12.3	0.97	是	不良
88	重庆机场	场道 3 标	cq－3－4	600	2	13	55	180	13.85	1.29	是	良好
89	重庆机场	5 合同段	cq－5－1	200	2	3.6	11	47	13.06	0.72	否	不良
90	重庆机场	场道 6 标	cq－6－1	800	0.075	4.0	70	410	102.5	2.99	是	良好
91	重庆机场	场道 6 标	cq－6－2	800	0.075	4.0	72	420	105.0	3.09	是	不良
92	重庆机场	场道 6 标	cq－6－3	800	0.075	4.6	58	340	73.91	2.15	是	良好
93	重庆机场	场道 6 标	cq－6－4	800	0.075	5.0	72	300	60.00	3.46	是	良好
94	重庆机场	场道 6 标	cq－6－5	800	0.075	4.8	58	330	68.75	2.12	是	良好
95	重庆机场	场道 6 标	cq－6－6	800	0.075	4.9	62	343	70.00	2.29	是	良好
96	重庆机场	场道 6 标	cq－6－7	800	0.075	3.8	62	340	89.47	2.98	是	良好
97	重庆机场	场道 6 标	cq－6－8	800	0.075	5.5	63	340	61.82	2.12	是	良好
98	重庆机场	场道 6 标	cq－6－9	800	0.075	3.6	58	320	88.89	2.92	是	良好
99	重庆机场	场道 6 标	cq－6－10	800	0.075	5.0	59	320	64.00	2.18	是	良好
100	重庆机场	场道 6 标	cq－6－11	800	0.075	4.5	56	340	75.56	2.05	是	良好
101	重庆机场	场道 6 标	cq－6－12	800	0.075	4.7	60	330	70.21	2.32	是	良好
102	重庆机场	场道 6 标	cq－6－13	800	0.075	5.3	63	430	81.13	1.74	是	良好
103	重庆机场	场道 6 标	cq－6－14	800	0.075	5.5	65	440	80.00	1.75	是	良好
104	重庆机场	场道 6 标	cq－6－15	800	0.075	6.0	61	330	55.00	1.88	是	良好

续表

序号	工程名称	类别	编号	d_{max}/mm	d_{min}/mm	d_{10}/mm	d_{30}/mm	d_{60}/mm	C_u	C_c	连续与否	级配评价
105	重庆机场	场道 6 标	cq－6－16	800	0.075	6.0	83	370	61.67	3.10	是	不良
106	重庆机场	场道 6 标	cq－6－17	800	0.075	5.0	62	330	66.00	2.33	是	良好
107	重庆机场	场道 6 标	cq－6－18	800	0.075	5.1	64	340	66.67	2.36	是	良好
108	重庆机场	场道 6 标	cq－6－20	800	0.075	4.6	60	340	73.91	2.30	是	良好
109	重庆机场	场道 6 标	cq－6－21	800	0.075	5.0	58	370	74.00	1.82	是	良好
110	重庆机场	场道 6 标	cq－6－22	800	0.075	2.3	78	380	165.2	6.96	是	不良
111	重庆机场	场道 6 标	cq－6－23	800	0.075	1.9	68	390	205.3	6.24	是	不良
112	重庆机场	场道 6 标	cq－6－24	800	0.075	1.8	70	395	219.4	6.89	是	不良
113	重庆机场	场道 7 标	cq－7－1	200	2	4.5	14	46	10.2	0.95	是	不良
114	重庆机场	场道 7 标	cq－7－2	200	2	2.9	11	43	14.82	0.97	是	不良
115	重庆机场	场道 8 标	cq－8－1	200	2	3.4	12	45	13.23	0.94	是	不良
116	重庆机场	场道 8 标	cq－8－2	200	2	2.7	12	40	14.81	1.33	是	良好
117	重庆机场	场道 9 合同段	cq－9－1	200	2	3.8	12	44	11.57	0.86	是	不良
118	重庆机场	场道 10 标	cq－10－1	60	0.075	0.8	3.6	17	21.25	0.95	否	不良
119	重庆机场	场道 10 标	cq－10－2	60	0.075	0.9	3.5	15	16.67	0.90	是	不良
120	重庆机场	场道 10 标	cq－10－3	60	0.075	0.67	2.9	14	20.90	0.90	是	不良
121	重庆机场	场道 10 标	cq－10－4	60	0.075	0.57	3.3	14	24.56	1.36	是	良好
122	重庆机场	场道 10 标	cq－10－5	60	0.075	0.7	3.2	15	21.42	0.97	是	不良
123	重庆机场	场道 8 标	cqxb－8－1	200	0.01	3	10	39	12	0.85	否	不良
124	重庆机场	场道 8 标	cqxb－8－2	200	0.01	2.8	13	42	15.00	1.44	否	良好

续表

序号	工程名称	类别	编号	d_{max}/mm	d_{min}/mm	d_{10}/mm	d_{30}/mm	d_{60}/mm	C_u	C_c	连续与否	级配评价
125	重庆机场	场道 7 标	cqxb－7－2	200	0.01	2.7	11	44	16.30	0.84	否	不良
126	重庆机场	场道 9 标	cqxb－9－1	200	0.01	2.7	13	40	14.81	1.56	否	良好
127	重庆机场	场道 8 标	cqxb－6－1	100	0.01	1.0	86	27	27.00	2.74	否	良好
128	重庆机场	场道 8 标	cqxb－7－1	60	0.01	0.82	8.5	27	32.93	3.26	是	不良
129	重庆机场	场道 10 标	cqxb－10－1	60	0.01	0.7	6.0	19	27.14	2.71	是	良好
130	重庆机场	场道 10 标	cqxb－10－2	60	0.01	0.9	5.8	16	17.78	2.34	否	良好
131	重庆机场	场道 2 标	cqzq－2－1	600	0.075	13	47	108	8.31	1.57	是	良好
132	重庆机场	场道 2 标	cqzq－2－2	600	0.075	15	73	105	7.00	3.38	是	不良
133	重庆机场	场道 2 标	cqzq－2－3	600	0.075	16	80	107	6.69	3.74	是	不良
134	重庆机场	场道 2 标	cqzq－2－4	600	0.075	17	75	104	6.12	3.18	是	不良
135	重庆机场	场道 3 标	cqzq－3－1	600	0.075	7.0	66	220	31.43	2.83	是	良好
136	重庆机场	场道 3 标	cqzq－3－2	600	0.075	16	56	210	13.12	0.93	是	不良
137	重庆机场	场道 3 标	cqzq－3－3	600	0.075	8.0	56	105	13.13	3.73	是	不良
138	重庆机场	场道 4 标	cqzq－4－1	600	0.075	15	70	190	12.67	1.72	是	良好
139	重庆机场	场道 4 标	cqzq－4－2	600	0.075	9.0	46	109	12.11	2.16	是	良好
140	重庆机场	场道 5 标	cqzq－5－1	600	0.075	10	55	200	20.00	1.51	是	良好
141	重庆机场	场道 5 标	cqzq－5－2	600	0.075	17	50	104	6.12	1.41	是	良好
142	重庆机场	场道 5 标	cqzq－5－3	600	0.075	9.6	51	106	11.04	2.56	是	良好
143	重庆机场	场道 1 标	cqzq－1－1	600	0.075	22	73	104	4.73	2.33	是	不良
144	重庆机场	场道 1 标	cqzq－1－2	600	0.075	9.2	64	220	23.91	2.02	是	良好
145	重庆机场	场道 1 标	cqzq－1－3	400	0.075	4.5	21	103	22.89	0.95	是	不良

对比数据可以看出，各机场填筑料的最大粒径相差悬殊，龙洞堡机场最大粒径达 1000mm，巴中机场最大粒径仅 40mm，不均匀系数 C_u 为 4.17～220，变化范围较大，说明机场高填方填筑料带有较强的地域性。有 35 条颗分曲线级配不连续，曲线中缺失中间粒径，占总数的 24%；三明、重庆及龙洞堡机场有 37 条颗分曲线的最大粒径达到了 800mm 以上，占总数的 25.5%，除巴中机场外，其余土石混合料颗分曲线的最大粒径都超过了 60mm。

2.2.4 强度特征

高填方土石混合料颗粒粒径相差悬殊，级配普遍很宽，颗粒组成比例大不相同，变异性很大，直接影响着土石混合料强度。在本书收集的 13 个高填方机场混合料有关资料中，关于强度特征的成果极少，为了解土石混合料的强度特征，收集了和机场高填方土石混合料级配特征相近的其他工程的相关成果，来类比土石混合料的强度特性。

1. 乌东德金坪子滑坡

乌东德金坪子滑坡体Ⅱ区白云岩砾质土主要组成为块石碎石夹少量粉土。左永振等（2011）拟合了 5 种不同 P_5 含量（大于 5 mm 的粗颗粒含量）级配（图 2.21），P_5 含量依次为 50.89%、58.50%、66.16%、74.00%、82.17%。并对滑坡体砾质土力学性质进行了 CD 三轴试验研究（表 2.3），认为砾质土黏聚力标准值为 92.6 kPa，内摩擦角标准值为 39.4°，均具有较高的抗剪强度。

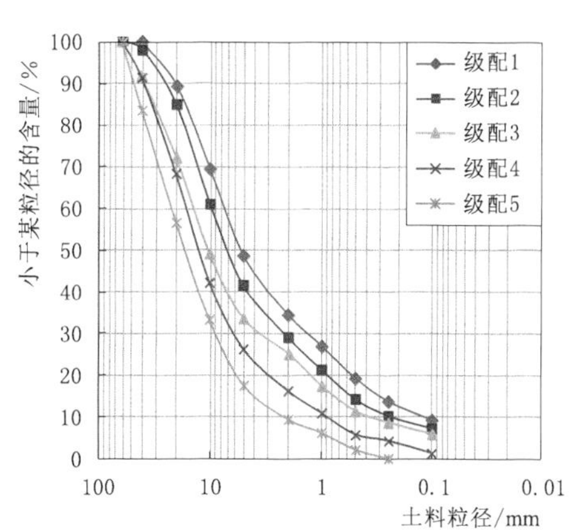

图 2.21 金坪子滑坡土石混合料颗分曲线

表 2.3 乌东德土石混合料级配特性及强度

编 号	C_u	C_c	内摩擦角/(°)	黏聚力/kPa
级配 1	24.67	0.76	39.5	71
级配 2	38.80	2.0	39.7	135
级配 3	37.84	2.64	39.3	114
级配 4	20.22	2.48	39.8	151
级配 5	9.57	1.71	39.5	154

2. 菲尔泽水电站堆石料

菲尔泽水电站坝体筑坝材料力学试验（菲尔泽水电站工作组，1976）中为石灰岩，天然砂卵石为石灰岩和灰绿岩，试验最大粒径为 400mm，具体级配组成见图 2.22，试验得到强度指标见表 2.4，筑坝料中 d_{60} 与内摩擦角的关系统计见图 2.23。

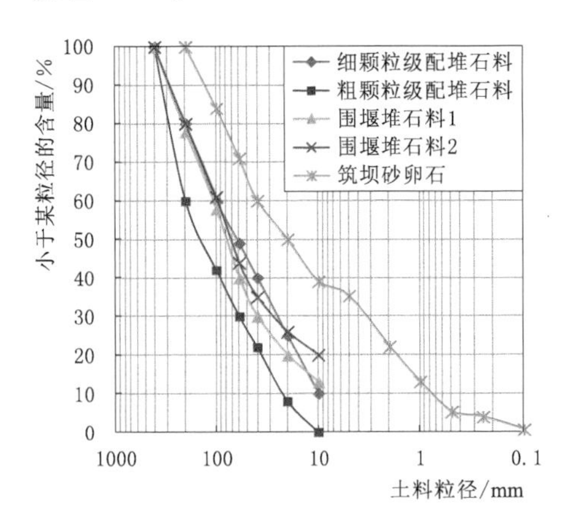

图 2.22　菲尔泽水电站筑坝料颗分曲线

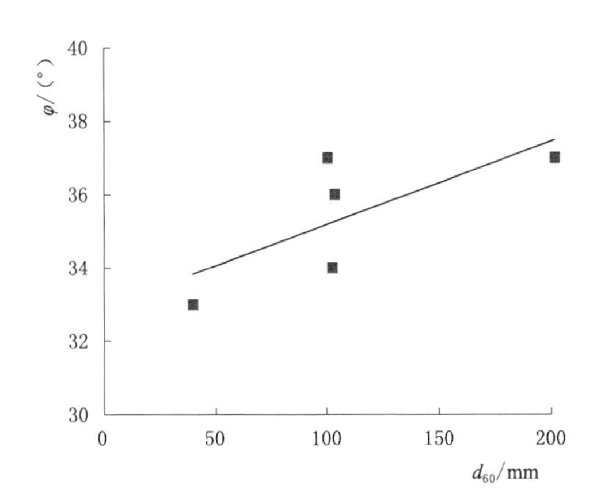

图 2.23　菲尔泽水电站筑坝料 d_{60} 与内摩擦角的关系

表 2.4　　菲尔泽水电站筑坝材料级配特性及强度

编　号	C_u	C_c	内摩擦角/(°)	黏聚力/kPa
细颗粒级配堆石料	10.00	0.68	37	30
粗颗粒级配堆石料	8.70	0.78	37	30
围岩堆石料 1			36	20
围岩堆石料 2			34	30
筑坝砂卵石	47.73	0.31	33	0

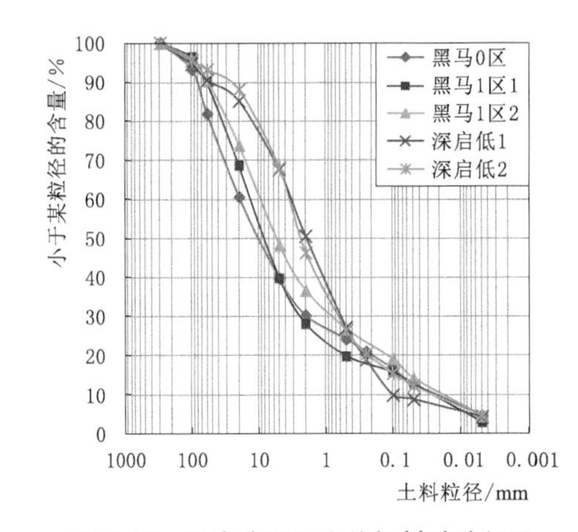

图 2.24　瀑布沟砾石土筑坝料试验级配

3. 瀑布沟水电站砾石土料及掺合料试验

瀑布沟水电站在国内首先使用宽级配砾石土作为高土石坝心墙防渗料，成都勘测设计研究院科研所（1994）在黑马、老堡子、深启底等防渗土料场开展了一系列宽级配砾石土料及其掺和料物理力学性质试验，试验材料颗分曲线见图 2.24～图 2.26，相应力学强度指标见表 2.5 和表 2.6，筑坝料中 d_{60} 与内摩擦角的关系见图 2.27，土石混合料中 C_c、C_u 与摩擦角的关系见图 2.28～图 2.29。

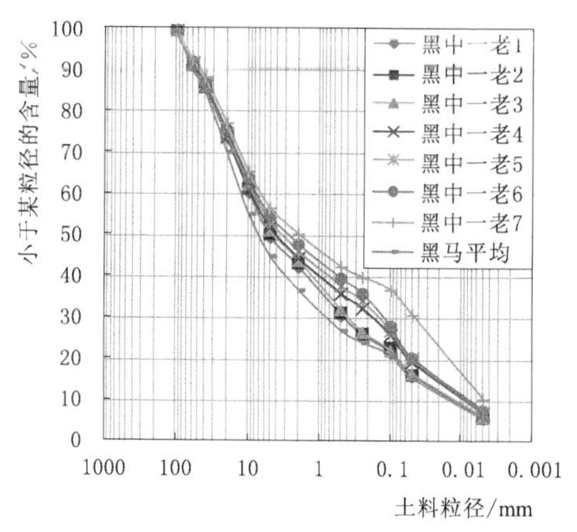

图 2.25 瀑布沟水电站掺合料试验级配

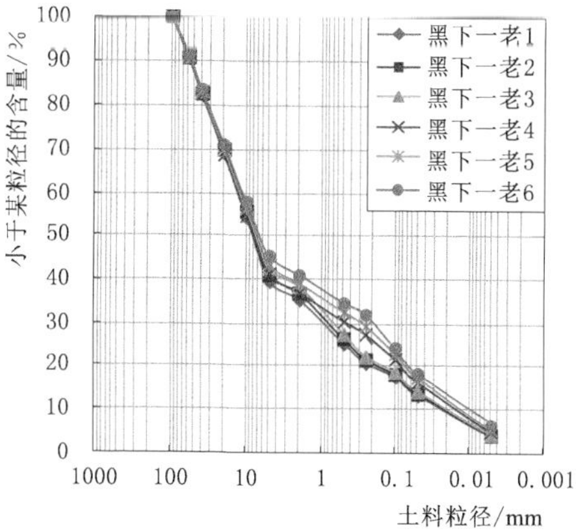

图 2.26 瀑布沟水电站掺合料试验级配

表 2.5 瀑布沟水电站筑坝料级配特性及强度

编 号	C_u	C_c	内摩擦角/(°)	黏聚力/kPa
黑马 0 区	792	32.32	39.45	23.8
黑马 1 区 1	87	17.79	37	12
黑马 1 区 2	480	4.03	37	54
深启低 1	31.8	0.94	26.6	24.5
深启低 2	126.7	1.32	21.27	58

表 2.6 瀑布沟水电站掺合料级配特性及强度

编 号	C_u	C_c	内摩擦角/(°)	黏聚力/kPa
黑中一老 1	641	1.4	33	15
黑中一老 2	638	1.4	32.4	15
黑中一老 3	653	1.4	31.2	20
黑中一老 4	900	0.3	28.6	25
黑中一老 5	919	0.3	26.3	15
黑中一老 6	889	0.2	24.7	15
黑中一老 7	1435	0.1	32	79
黑马平均	669	3.7	35.3	30
黑下一老 1	494	3.2	34.8	30
黑下一老 2	514	2.5	31.6	30
黑下一老 3	531	2.0	33.4	30
黑下一老 4	905	1.0	30.8	25
黑下一老 5	985	0.5	27.7	30
黑下一老 6	993	0.3	21.8	20

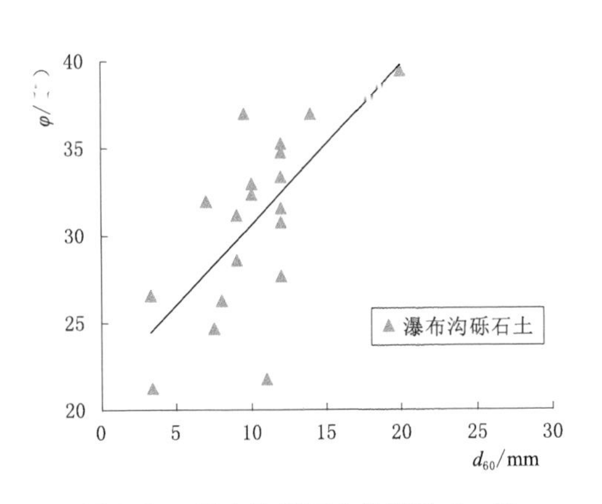

图 2.27　瀑布沟砾石土筑坝料 d_{60} 与摩擦角的关系

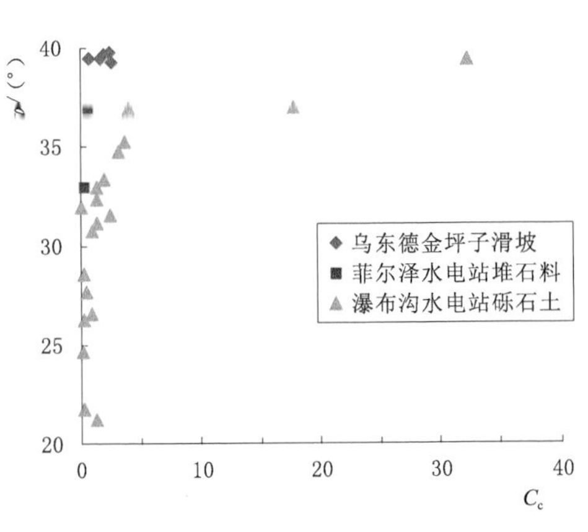

图 2.28　土石混合料 C_c 与摩擦角的关系

4. 颗粒粒径、形状和粗糙程度对强度影响

大量力学试验表明（刘斯宏，2016），土颗粒粒径、形状和粗糙程度对抗剪强度有重要影响，直剪试验结果中表面光滑的玻璃球内摩擦角只有 18°，立方体内摩擦角为 32°，表面粗糙的粗粒料内摩擦角增加到 33°，而粒径差异显著、表面更为粗糙的粗颗粒材料摩擦角可达 46°（图 2.30）。这说明相同条件下，颗粒越粗糙，内摩擦角越大，抗剪强度越高；相反，颗粒表面越光滑，内摩擦角就越小，抗剪强度就越低。

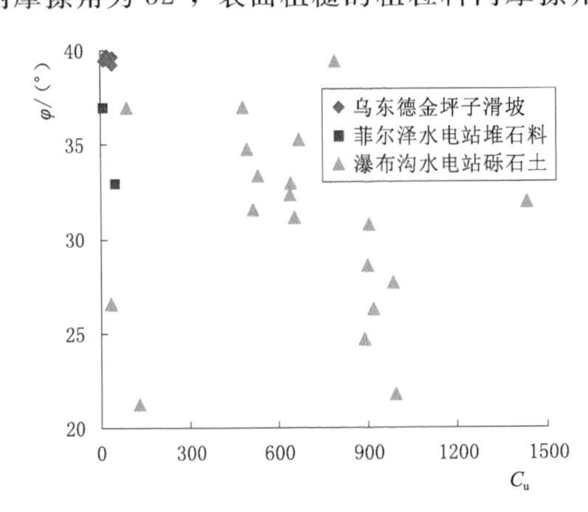

图 2.29　土石混合料 C_u 与摩擦角的关系

对比上述土石混合料试验结果及土石混合料的强度特征分析，可以得出以下结论：

（1）填料内摩擦角和黏聚力主要受土颗粒粒径、密度和颗粒排列形状控制，一般情况下，形成土体骨架结构的粒径越大，其强度参数越高；形成骨架结构的土颗粒密实度越高，强度参数越高；形成骨架结构的土颗粒越不光滑，强度参数也越高。

（2）土体强度参数与 C_u 和 C_c 的统计分析结果表明，单独建立 $C_u-\varphi$ 及 $C_c-\varphi$ 的关系曲线显示 C_u 和 C_c 与强度之间并无明显的相关关系，即级配良好土石混合料的强度指标并不一定高于不良级配土石混合料。

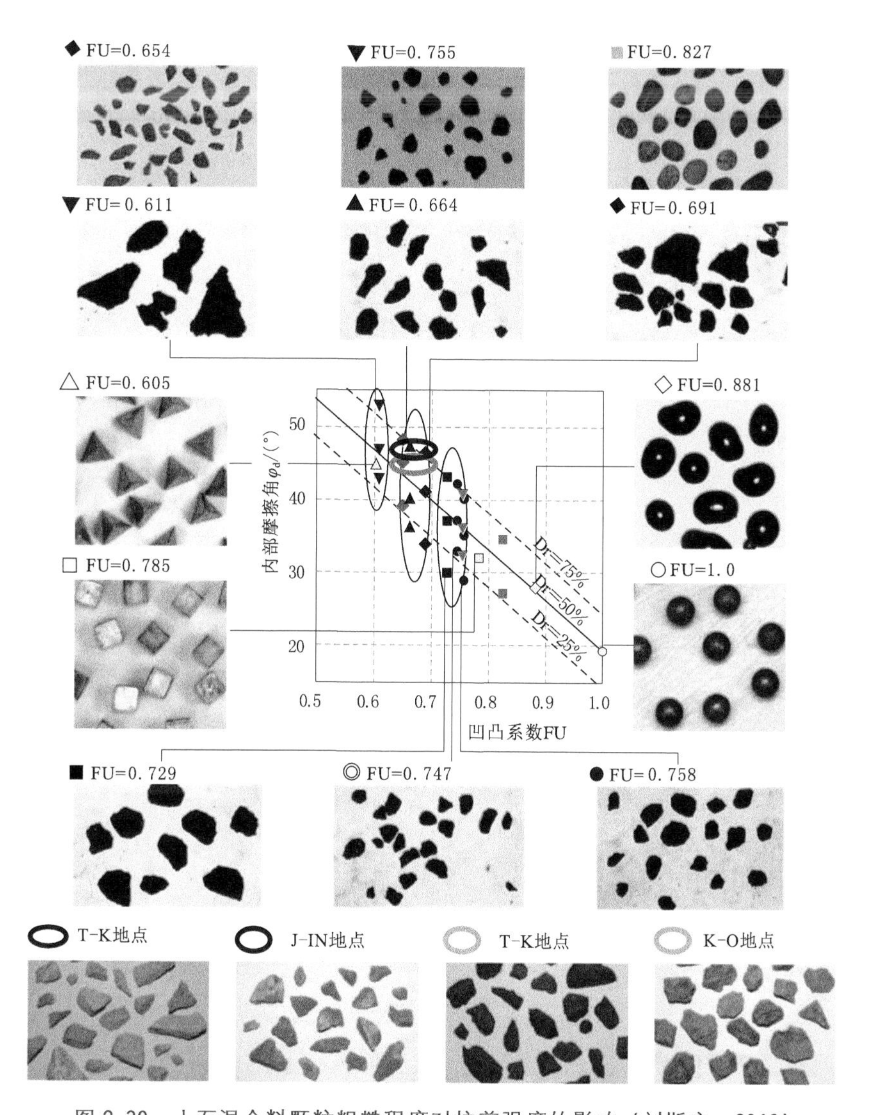

图 2.30 土石混合料颗粒粗糙程度对抗剪强度的影响（刘斯宏，2016）

第3章 颗分曲线与级配方程

为建立或确定土的颗粒组成与强度之间的关系，描述和反映其关联特性，本章首先对颗分曲线进行分类，以反映工程中常见的典型颗分组成，探讨颗分曲线类型与密实度之间的相互关系。在此基础上，采用级配方程来精确描述颗分曲线。

3.1 颗分曲线

3.1.1 颗分曲线定义

土是一种由无数个大小不同的土粒混合而成的不连续介质混合体，自然界中土颗粒差别很大，既有粒径大于200mm的漂石，也有粒径小于0.005mm的黏粒。随着颗粒大小的不同，土表现出不同的工程性质。为了从量上说明土颗粒的组成情况，不仅要了解土颗粒的粗细，还要了解各种颗粒所占的比例（赵成刚，2004）。土石混合料的性质不仅取决于所含颗粒大小的程度，更决定于不同粒组的相对含量，即土中各粒组的含量占土样总重量的百分数，这个百分数习惯上称为土的颗粒级配。

对于土的粒组状况和相对含量，可以用颗分曲线描述。根据试验结果，计算出小于某粒径的土粒质量所占总土样质量的百分数，以各级累计筛余百分数为纵坐标、筛孔尺寸为横坐标绘成的用以直观判断砂颗粒组成的曲线就是颗分曲线。

3.1.2 颗分曲线分类

土料颗分曲线的形态直接反映和决定了工程特性。Fredlund（1999）对细粒土开展的相应研究表明，级配曲线可划分为粒组分布连续的Ⅰ类颗分曲线和粒组分布间断的Ⅱ类颗分曲线（图1.9）。从本书对高填方工程的曲线统计分析来看，颗分曲线大致分为三种形态。可把土石混合料的颗分曲线划分为A类、B类和C类三大类，见图3.1。

A 类：宽连续级配土，满足 $C_u \geqslant 5$ 且连续，对 A 类土进一步可细分为两类。

A1 类：良好级配土，满足 $C_u \geqslant 5$ 及 $1 < C_c < 3$。

A2 类：宽连续不良级配土，满足 $C_u \geqslant 5$ 及 $C_c \geqslant 3$，或 $C_u \geqslant 5$ 及 $C_c \leqslant 1$。

B 类：均匀级配土，满足 $C_u \leqslant 5$。

C 类：缺失中间粒径，不连续级配土。

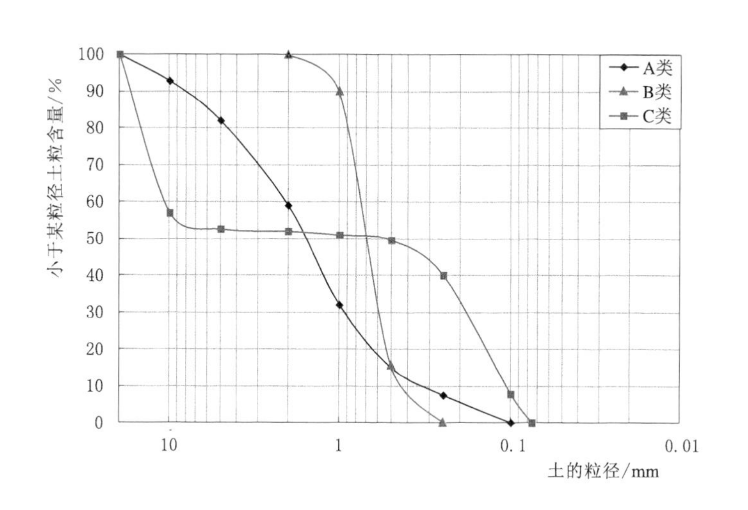

图 3.1 土石混合料颗分曲线形态划分

在上述划分中，A 类就容易获得较好的密实状态，而 B 类和 C 类则由于颗粒均匀或中间粒径缺失较难获得较密实的状态。

3.2 级配方程

级配良好的土料容易获得较高的密实状态，反映级配良好的参数 C_c 和 C_u 是通过控制粒径 d_{60}、中间粒径 d_{30} 和有效粒径 d_{10} 来确定。但从图 3.2、图 3.3 和图 3.4 可以看出，即使控制 d_{60}、d_{30} 和 d_{10} 不变，包含这三个粒径的颗分曲线也可以存在无数条，也就是说，一组单一的 C_c 和 C_u 值可能对应无数条颗分曲线，存在无数个不同的密实状态，即两者之间并不存在单一的映射单用 C_c 和 C_u 去表征土的密实状态存在不确定性。

为了更好地描述颗分曲线分布，精确化表征颗分曲线特征，常用级配方程实现颗分曲线的精确描述。

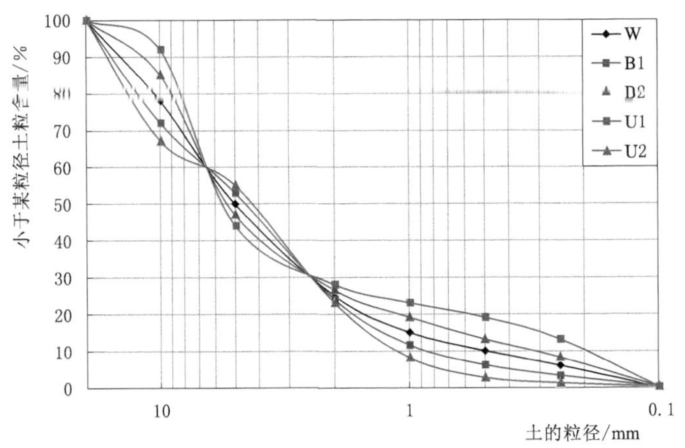

图3.2　d_{30} 和 d_{60} 不变情况下的颗分曲线簇分布

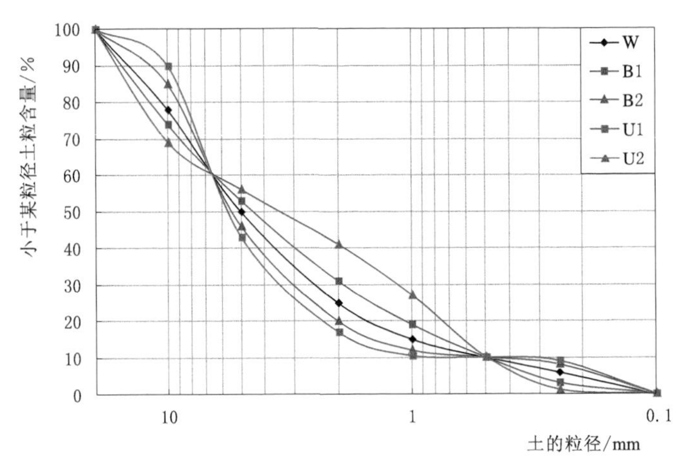

图3.3　d_{60} 和 d_{10} 不变情况下的颗分曲线簇分布

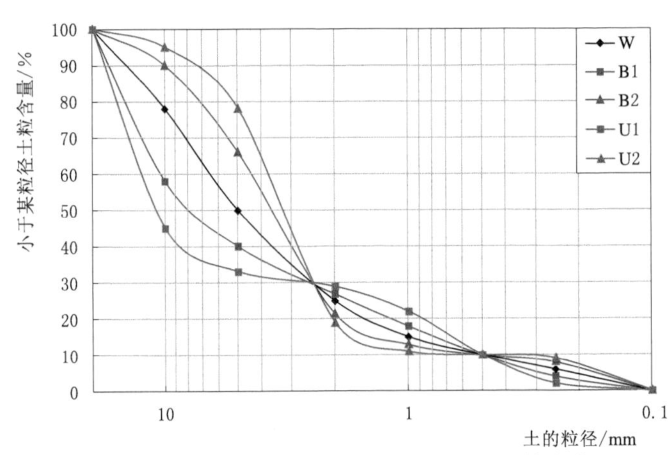

图3.4　d_{30} 和 d_{10} 不变情况下的颗分曲线簇分布

3.2.1 连续级配形态级配方程

朱俊高（2015）用式（3.1）来表示土体的连续颗分曲线形态：

$$P=\frac{1}{(1-b)\left(\frac{d_{\max}}{d}\right)^{m}+b}\times 100\% \tag{3.1}$$

式中：P 为粒径为 d 的颗粒的通过质量百分率；$d_{\max}$、b 及 m 均为级配参数。

对于确定的颗分曲线，$d_{\max}$ 为已知，通过优化拟合可确定 b 和 m。参数 b 主要决定颗分曲线的形态，参数 m 主要决定曲线的倾斜程度，参数 $d_{\max}$ 决定颗分曲线在横坐标轴的相对位置，由此可确定颗分曲线形态。

对比土石混合料 A 类和 B 类颗分曲线形态可以看出，若 m 取定值，增大 b，则颗分曲线逐渐变化为 B 类；若 m 取小值，b 取大值，则颗分曲线逐渐变化为 A 类。因此，式（3.1）可用来表示图 3.5 中的 A 类颗分曲线，以及坡度陡峭且土料粗细颗粒连续均匀的级配不良 B 类颗分曲线。

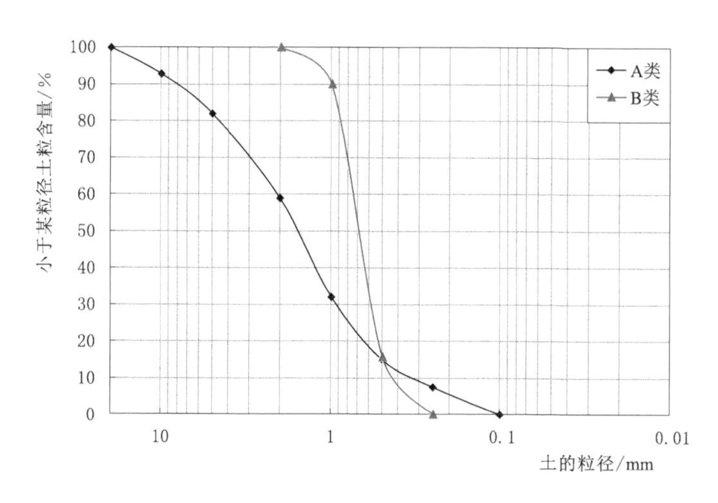

图 3.5　土石混合料 A 类和 B 类颗分曲线形态

3.2.1.1 级配方程特征分析

对于光滑连续的 A 类和 B 类颗分曲线，朱俊高（2015）对相应方程中的级配参数 m 和 b 对曲线形态的影响进行了讨论。

当 m 取定值时，随着 b 的增加，颗分曲线形状从双曲线形逐渐变化为反 S 形，且不同的 b 值下曲线主体部分的倾斜程度大致相等。当 b 值恒定时，取值较大，随着 m 的变化，曲线形态不变，为反 S 形，但曲线主体部分的

斜率随 m 增大而变大。当 b 值恒定，取值较小时，颗分曲线呈双曲线形，且曲线主体部分的斜率随 m 减小而减小，曲线形态也由双曲线形逐渐过渡到近似直线。

也就是说，参数 b 主要决定颗分曲线的形态（图 3.6），即双曲线形或反 S 形。参数 m 主要决定曲线的倾斜程度（图 3.7），曲线主体部分的斜率与 m 成正相关。

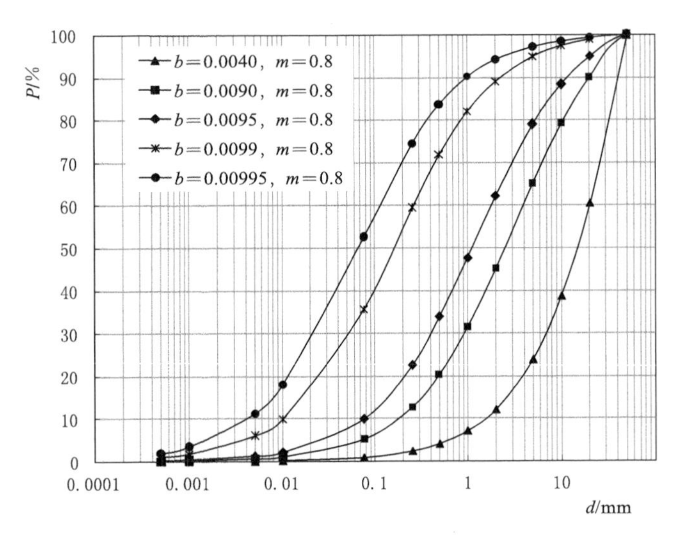

图 3.6　参数 b 与曲线形态的关系

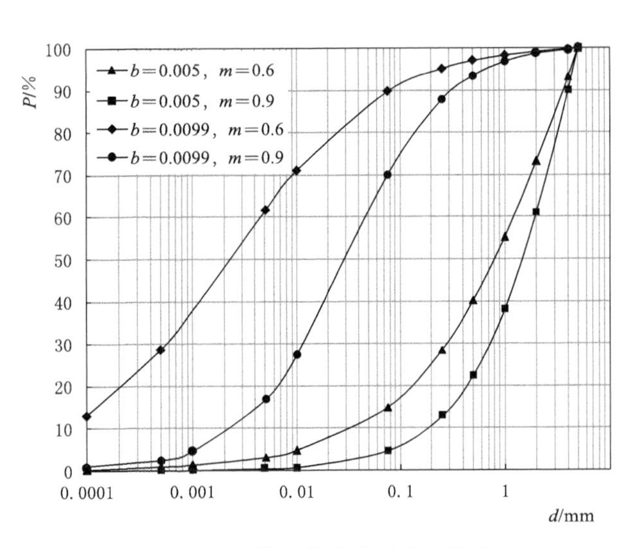

图 3.7　参数 m 与曲线斜率的关系

3.2.1.2 C_u 和 C_c 与级配参数之间的关系

分别将（d_{10}，10%）、（d_{30}，30%）及（d_{60}，60%）代入式（3.1），可得

$$10=\frac{1}{(1-b)\left(\frac{d_{max}}{d_{10}}\right)^m+b}\times 100\% \tag{3.2}$$

$$30=\frac{1}{(1-b)\left(\frac{d_{max}}{d_{30}}\right)^m+b}\times 100\% \tag{3.3}$$

$$60=\frac{1}{(1-b)\left(\frac{d_{max}}{d_{60}}\right)^m+b}\times 100\% \tag{3.4}$$

将式（3.2）～式（3.4）分别代入不均匀系数 C_u［式（3.5）］和曲率系数 C_c［式（3.6）］，可得 C_u、C_c 与级配参数 m、b 的关系式（朱俊高，2014），即式（3.7）。

$$C_u=\frac{d_{60}}{d_{10}} \tag{3.5}$$

$$C_c=\frac{d_{30}^2}{d_{10}\times d_{60}} \tag{3.6}$$

$$\begin{cases} C_u=\left[\dfrac{6(1-10b)}{1-60b}\right]^{\frac{1}{m}} \\ C_c=\left[\dfrac{3(1-10b)(1-60b)}{2(1-30b)^2}\right]^{\frac{1}{m}} \end{cases} \tag{3.7}$$

3.2.1.3 利用级配参数对颗分曲线分类

由 3.1.2 小节中对颗分曲线分类可知，A1 良好级配土可表示为 $C_u\geqslant 5$ 及 $1<C_c<3$，代入式（3.7）可得

$$\begin{cases} \sqrt[m]{\dfrac{6(1-10b)}{1-60b}}\geqslant 5 \\ 1<\sqrt[m]{\dfrac{3(1-10b)(1-60b)}{2(1-30b)^2}}<3 \end{cases} \tag{3.8}$$

A2 宽连续不良级配土可表示为：$C_u\geqslant 5$ 及 $C_c\geqslant 3$，或 $C_u\geqslant 5$ 及 $C_c\leqslant 1$，代入式 3.7 可得

$$\begin{cases} \sqrt[m]{\dfrac{6(1-10b)}{1-60b}}\geqslant 5 \\ \sqrt[m]{\dfrac{3(1-10b)(1-60b)}{2(1-30b)^2}}\geqslant 3 \end{cases} \tag{3.9}$$

或

$$\begin{cases}\sqrt[m]{\dfrac{6(1-10b)}{1-60b}}>5 \\ \sqrt[m]{\dfrac{3(1-10b)(1-60b)}{2(1-30b)^2}}\leqslant 1\end{cases} \tag{3.10}$$

B类均匀级配土可表示为 $C_u \leqslant 5$，代入式（3.7）可得

$$\sqrt[m]{\frac{6(1-10b)}{1-60b}}\leqslant 5 \tag{3.11}$$

3.2.2　非连续级配形态级配方程

从式（3.1）中可以看出，级配参数 m 和 b 决定了曲线的形态。朱俊高（2015）在研究中也介绍了通过变换 m 和 b 的数值，可以实现对双曲线、近乎直线及倾斜S形线等三类光滑颗分曲线的拟合。但这三类曲线形式仅属于简单理想状态的连续曲线，对于多拐点颗分曲线，式（3.1）适用性不够广泛，也难以推广应用。

对比我国典型机场高填方颗分曲线形态可以看出，对于土石混合料，特别是含大颗粒机场高填方土石混合料，颗分曲线更为复杂，绝大多数曲线上存在不止一处拐点，形式上也表现为双峰（即双拐点）甚至多峰（即多拐点），曲线形态也绝非理想状态下的光滑连续形式，相当部分还缺乏中间粒径，颗分曲线存在平台。对这类更具广泛意义的机场高填方填筑土石混合料的颗分曲线，利用式（3.1）进行颗分曲线拟合，受方程形式简单、参数较少的影响，拟合效果并不理想，因此需要借助其他途径或手段构建级配方程，来实现复杂形态的机场高填方土石混合料颗分曲线拟合。

3.2.2.1　单峰和多峰颗分曲线方程

由于非饱和土的土水特征曲线与单峰颗分曲线的几何形状具有相似性，Fredlund等（1997）在Fredlund和Xing（1994）提出的SWCC曲线拟合方程的基础上，提出了拟合单峰颗分曲线（即颗分曲线形式上只有一个拐点）的级配方程，形式为

$$P_p(d)=\frac{1}{\ln\left[e+\left(\dfrac{g_a}{d}\right)^{g_n}\right]^{g_m}}\left\{1-\left[\frac{\ln\left(1+\dfrac{d_r}{d}\right)}{\ln\left(1+\dfrac{d_r}{d_m}\right)}\right]^7\right\} \tag{3.12}$$

式中：P_p（d）为小于某粒径的累积百分含量；g_a 为颗分曲线中与初始转折点有关的拟合参数；g_n 为颗分曲线中与最大斜率有关的拟合参数；g_m 为颗分曲线中与曲率有关的拟合参数；d 为粒径，mm；d_r 为细粒土粒径，mm；d_m 为最

小粒径，mm。

基于上述方程，Fredlund（1997）采用准 Newton 最小二乘法拟合单峰颗分曲线，获得了较好的效果。但上述单峰曲线方程在拟合多峰颗分曲线上面临着很大的困难，为此，Fredlund（1997）通过对单峰曲线进行组合，提出了多峰曲线的拟合方程，即

$$P_{\mathrm{p}}(d)=\sum_{i=1}^{k} w_i\left\{\frac{1}{\ln\left[e+\left(\frac{a_{\mathrm{gr}}}{d}\right)^{n_{\mathrm{gr}}}\right]^{m_{\mathrm{gr}}}}\right\}\left\{1-\left[\frac{\ln\left(1+\frac{d_{\mathrm{r}}}{d}\right)}{\ln\left(1+\frac{d_{\mathrm{r}}}{d_{\mathrm{m}}}\right)}\right]^{7}\right\} \tag{3.13}$$

式中：k 为颗分曲线中子曲线的个数；w_i 为第 i 段子曲线的权重；a_{gr} 为颗分曲线中与初始转折点有关的拟合参数；n_{gr} 为颗分曲线中与最大斜率有关的拟合参数；m_{gr} 为颗分曲线中与曲率有关的拟合参数；d 为粒径，mm；d_{r} 为细粒土粒径，mm；d_{m} 为最小粒径，mm。

3.2.2.2 C类双峰颗分曲线方程

通过对大量缺乏中间粒径的C类（级配不良、粒组分布间断、颗分曲线存在平台）颗分曲线形态（见图3.8）分析，结合 Fredlund 和 Xing 等（1994）在非饱和土研究中的土水特征曲线，以及 Fredlund（1999）在分析和总结土水特征曲线与代表性土样级配方程等研究工作的基础上，适合C类颗分曲线的双峰方程可表示为

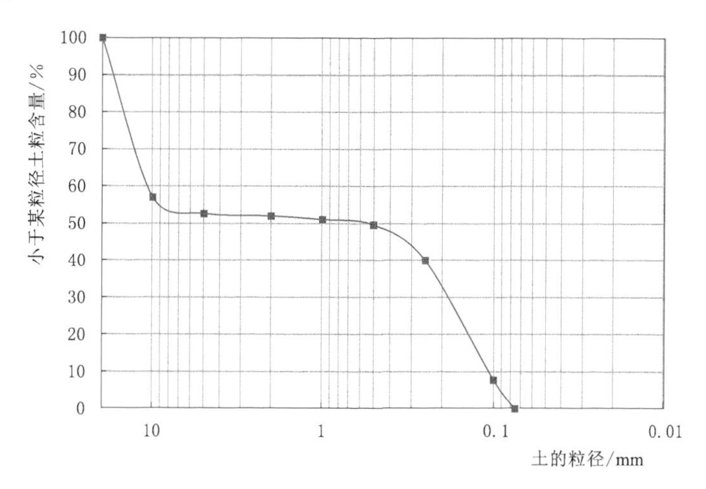

图3.8 土石混合料C类颗分曲线形态

$$P(d)=\left\{w\left[\frac{1}{\ln\left(e+\left(\frac{a_{bi}}{d}\right)^{n_{bi}}\right)^{m_{bi}}}\right]+(1-w)\left[\frac{1}{\ln\left(e+\left(\frac{j_{bi}}{d}\right)^{k_{bi}}\right)^{l_{bi}}}\right]\right\}$$

$$\left\{1-\left[\frac{\ln\left(1+\frac{hr_{bi}}{d}\right)}{\ln\left(1+\frac{hr_{bi}}{d_{\mathrm{m}}}\right)}\right]^{7}\right\} \tag{3.14}$$

式中：w 为优化参数；a_{bi} 为曲线初始拐点相关参数；n_{bi} 为曲线最陡坡度相关参数；m_{bi} 为曲线形状相关参数；j_{bi} 为曲线第二段拐点相关参数；k_{bi} 为曲线第二段坡度最陡相关参数；l_{bi} 为曲线第二段形状相关参数；hr_{bi} 为土石混合料中细粒粒径；d 为土石混合料粒径；d_{m} 为土石混合料最小颗粒粒径。

3.2.2.3 双峰颗分曲线方程参数

由于颗分曲线方程中 $P_{\mathrm{p}(d)}-d$ 具有复杂的函数关系，且无法转化为线性的回归模型，通常采用最小二乘法来估计回归参数，即寻找适当的 w、a_{bi}、n_{bi}、m_{bi}、j_{bi}、k_{bi}、l_{bi}、hr_{bi}，使其残差平方和 Q 达到最小：

$$Q=\sum_{i=1}^{n}\left[P_i(d)-P_i^*(d)\right]^2 \tag{3.15}$$

式中：n 为已知的粒组数；$P_i(d)$为拟合获得粒组 d 的累积百分含量；$P_i^*(d)$为试样中实测的粒组 d 的累积百分含量。

从以上分析可以看出，颗分曲线的非线性回归本质上是一个求目标函数最小值的优化问题，常见的非线性回归方法包括 Gauss 迭代法与直接极小化残差平方和等，由于C类双峰颗分曲线中待拟合变量的个数为 7 个，本节采用粒子群全局优化算法（Particle Swarm Optimization）进行拟合。

3.2.2.4 粒子群全局优化算法原理及算法流程

粒子群算法，也称粒子群优化算法，是一种基于群体智能理论的优化算法，通过群体中粒子间的合作与竞争产生的群体智能来进行优化搜索，粒子群保留基于种群的全局搜索策略，采用相对简单的速度-位移模型，避免了复杂的遗传算子操作，其特有的记忆功能可以动态跟踪当前搜索情况并及时调整其搜索策略，具有收敛速度快、设置参数少的优点。

粒子群算法初始化一群随机粒子（随机解），通过迭代找到最优解。可把每个优化问题的潜在解看作是 D 维搜索空间上的一个点，用粒子位置代表优化问题解，粒子由速度决定其飞行方向和速率大小，粒子群追随当前最优粒子在解空间中搜寻。每一次迭代，粒子通过跟踪两个极值来更新位置，一个是粒子找到的最优解（个体极值），另一个是整个种群找到的最优解（全局极值）。粒子找到这两个最优值后，根据这两个值来更新自己的飞行速度和位置，直到找到最优解。

设群体规模为 N，在一个 D 维的目标搜索空间中，群体中的第 $i(i=1,2,\cdots,N)$ 个粒子位置可表示为一个 D 维矢量 $X_i=(X_{i1},X_{i2},\cdots,X_{id})^{\mathrm{T}}$，用$V_i=(V_{i1},V_{i2}\cdots,V_{id})^{\mathrm{T}}$，$(i=1,2,\cdots N)$ 表示第 i 个粒子的飞翔速度，用 $P_i=(P_{i1},P_{i2}\cdots,$

$P_{id})^T$，（$i=1, 2, \cdots, N$）表示第 i 个粒子自身搜索到的最好点，在整个群中，至少有一个粒子是最好的，将其编号记为 g，则 $P_g=(P_{g1}, P_{g2}\cdots, P_{gd})^T$ 就是当前种群搜索到的最好点，即种群的全局历史最优位置。

粒子群全局优化算法的更新迭代计算公式为

$$V_{ij}^{k+1}=V_{ij}^{k}+c_1 r_{1j}(P_{ij}^{k}-X_{ij}^{k})+c_2 r_{2j}(P_{gj}^{k}-X_{ij}^{k}) \tag{3.16}$$

$$X_{ij}^{k+1}=X_{ij}^{k}+V_{ij}^{k+1} \tag{3.17}$$

式中：$i=1, 2, \cdots, N$；j 表示微粒的第 j 维；k 为迭代次数；c_1、c_2 为加速常数，一般在 0～2 之间取值；c_1 为为了调节微粒自身的最好位置飞行的步长；c_2 为为了调节微粒向全局最好位置飞行的步长；$r_1-u(0,1)$、$r_2-u(0,1)$ 为两个相互独立的随机函数。

为减少进化过程中微粒离开搜索空间的可能性，V_{ij} 通常限定于一定范围内，即 $V_{ij}\in[-V_{max}, V_{max}]$。如果问题的搜索空间限定在 $[-X_{max}, X_{max}]$ 内，则可设定 $V_{max}=kX_{max}$，其中 $0.1\leqslant k\leqslant 1.0$。

粒子群全局优化算法的速度进化方程有认知和社会两部分组成（王晓丽，2008），在式（3.6）描述的速度进化方程中，V_{ij}^{k} 为粒子先前的速度，$c_1 r_{1j}(P_{ij}^{k}-X_{ij}^{k})$ 为认知部分。粒子在相互作用下，有能力到达新的搜索空间。尽管收敛速度比粒子群算法更快，但对复杂问题，容易陷入局部最优点；$c_2 r_{2j}(P_{gj}^{k}-X_{ij}^{k})$ 为社会部分，表示粒子间的社会信息共享，以避免不同的粒子间缺乏信息交流而没有社会信息共享，运行规模为 N 的群体等价于运行了 N 个单个粒子，有助于得到最优解。

粒子群全局优化算法流程（图 3.9）如下：

（1）依照初始化过程，对粒子群的随机位置和速度进行初始设定。

（2）计算微粒的适应度值。

（3）对每个粒子，将适应值与所经历过的最好位置 P_i 的适应值进行比较，若更好，则将其作为当前最好位置。

（4）对每个粒子，将适应值与全局所经历过的最好位置 P_g 的适应值进行比较，若更好，则将其作为当前的全局最好位置。

（5）根据迭代公式对粒子速度和位置进行计算。

（6）如未达到终止条件，通常为足够好的适应值或达到一个预设最大代数（G_{max}），返回步骤（2），否则执行步骤（7）。

（7）输出最佳目标函数。

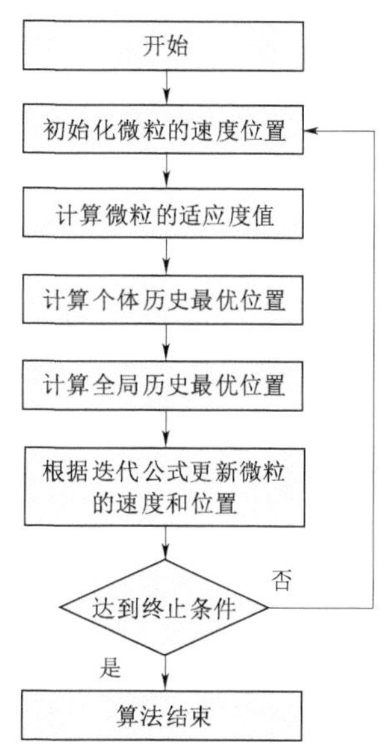

图 3.9 粒子群全局优化算法流程图

3.2.2.5　缺失中间粒径 C 类级配方程算例

算例一：图 3.8 中 C 类典型颗分曲线。

采用粒子群全局优化算法进行拟合，得到的级配参数如下：

$w=0.613254$；$a_{bi}=0.228939$；$n_{bi}=7.124765$；$m_{bi}=1.251587$；$j_{bi}=13.662451$；$k_{bi}=20.094957$；$l_{bi}=0.758169$。

最终获得的最佳目标函数值（即残差平方和 Q）为 $Q=0.007919$。

相应的收敛过程如图 3.10 所示。典型 C 类颗分曲线及其双峰模型拟合结果见图 3.11。由图 3.10 可以看出，经过约 20 次迭代，即收敛到最优解，且收敛速度很快。由图 3.11 可以看出，采用双峰曲线方程可以很好地实现对 C 类颗分曲线的拟合，效果良好。

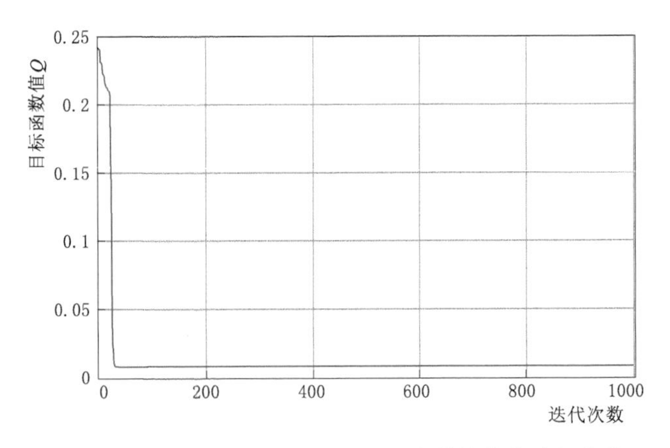

图 3.10　C 类曲线目标函数与迭代次数的收敛过程曲线

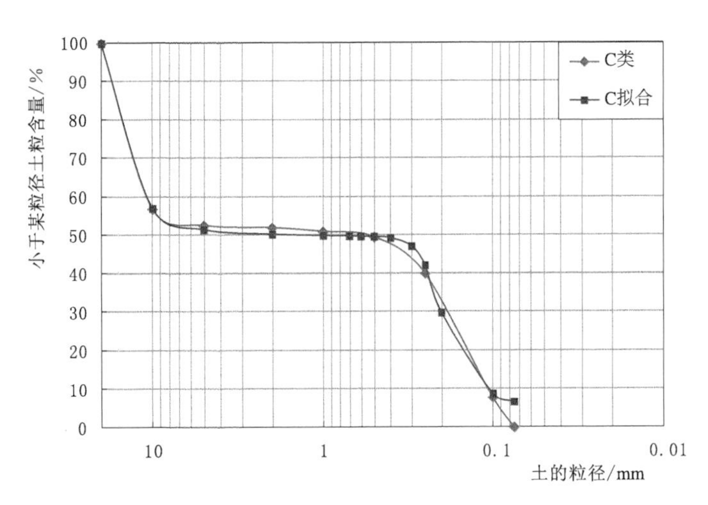

图 3.11　C 类颗分曲线及其双峰模型拟合结果

算例二：重庆机场高填方填筑料颗分曲线 CQ－1－5。

对重庆机场典型高填方填筑料颗分曲线（图 3.12），仍采用粒子群全局优化算法进行拟合，得到的级配参数如下：$w=0.758363$；$a_{bi}=57.187547$；$n_{bi}=3.256158$；$m_{bi}=0.835960$；$j_{bi}=7.367635$；$k_{bi}=15.532267$；$l_{bi}=2.159633$。

最终获得的最佳目标函数值（即残差平方和 Q）为 $Q=0.006372$。

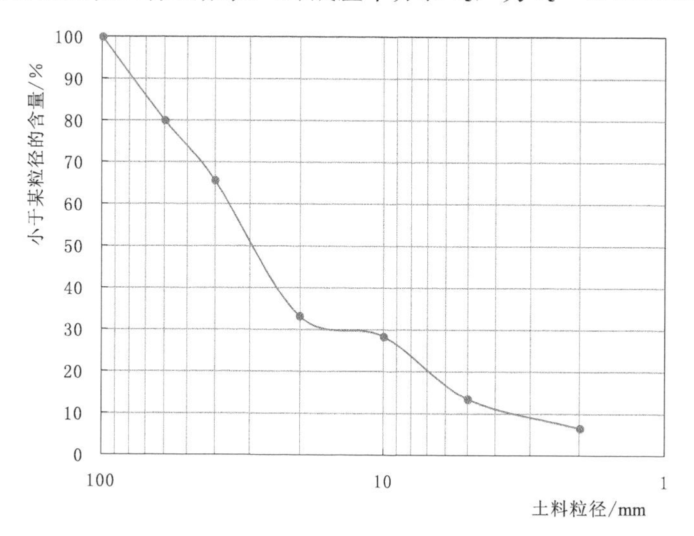

图 3.12 重庆机场高填方填筑料 CQ－1－5 颗分曲线

相应的收敛过程如图 3.13 所示，拟合曲线与原曲线对比见图 3.14。由图 3.13 可以看出，经过约 25 次迭代即收敛到最优解，且收敛速度很快。由图 3.14 可以看出，采用双峰曲线方程可以很好地实现对重庆机场高填方CQ－1－5 颗分曲线的拟合，效果良好。

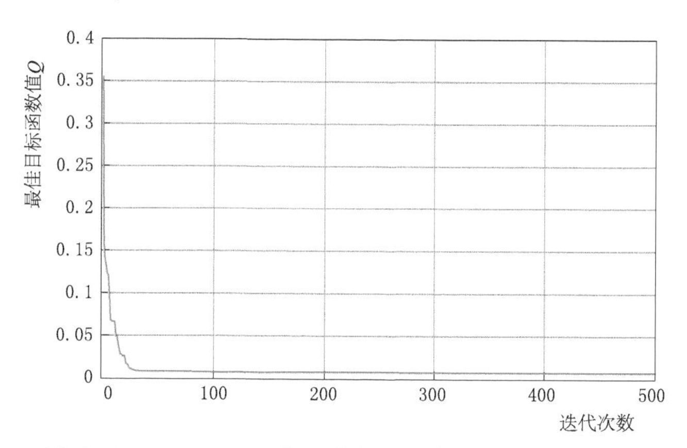

图 3.13 CQ－1－5 目标函数与迭代次数的收敛过程曲线

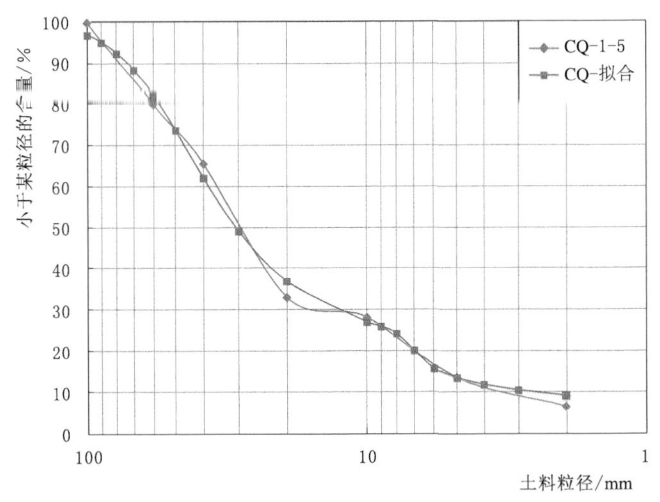

图3.14　重庆机场高填方CQ-1-5颗分曲线及其双峰模型拟合结果

算例三：承德机场高填方填筑料颗分曲线1号夯坑前。

采用粒子群全局优化算法对承德机场高填方填筑料颗分曲线（图3.15）进行拟合，得到的级配参数如下：$w=0.282091$；$a_{bi}=510.962218$；$n_{bi}=6.505786$；$m_{bi}=0.481982$；$j_{bi}=53.537916$；$k_{bi}=4.292886$；$l_{bi}=1.271368$。

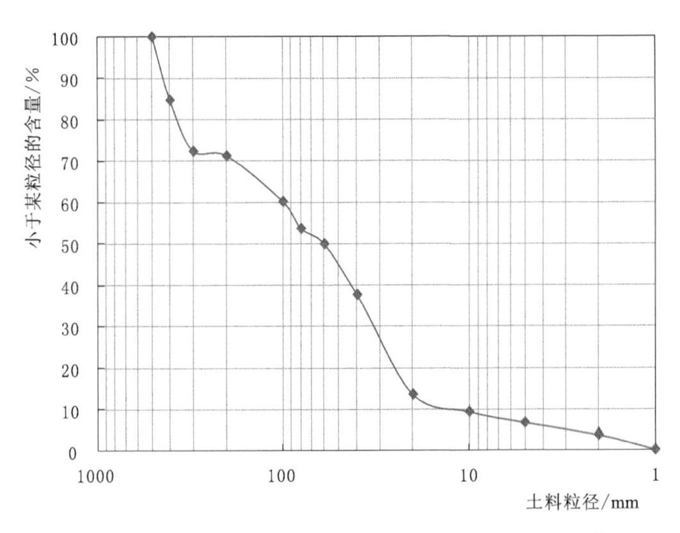

图3.15　承德机场高填方填筑料1号夯坑前颗分曲线

最终获得的最佳目标函数值（即残差平方和Q）为

$$Q=0.009011$$

相应的收敛过程如图3.16所示，拟合曲线与原曲线对比见图3.17。

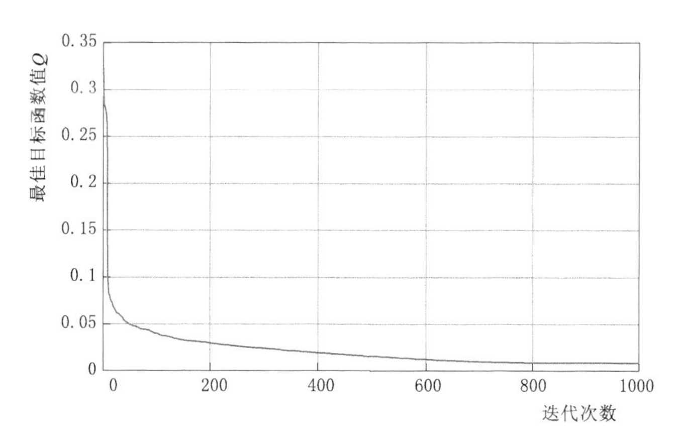

图 3.16 1号夯坑前目标函数与迭代次数的收敛过程曲线

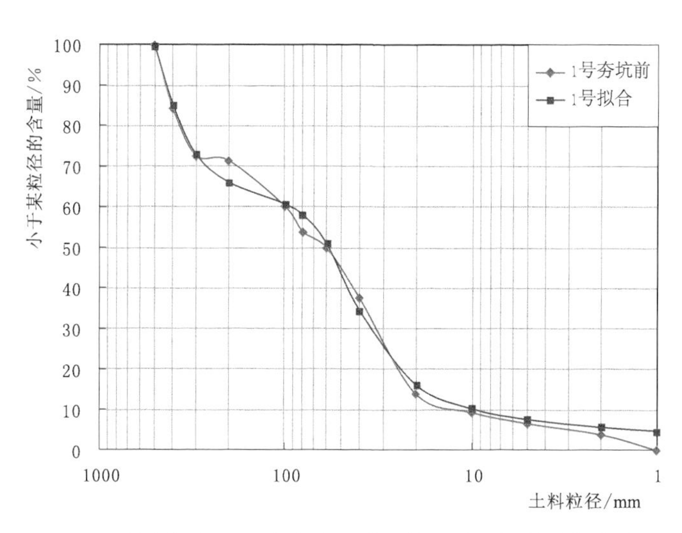

图 3.17 承德机场1号夯坑前颗分曲线及其双峰模型拟合结果

综上可以看出，采用双峰模型对上述曲线类型土石混合料颗分曲线进行拟合的效果均很好，拟合精度很高，具有明显的优越性和良好的适用性。

3.2.2.6 双峰颗分曲线方程参数模型参数敏感性分析

为进一步分析模型参数对曲线形态的影响，对模型中的参数进行敏感性分析。分析参数对模型曲线形态的影响时，保持其余参数取基准值且固定不变，令该参数在可能范围内变动，分别对优化参数 w、初始拐点参数 a_{bi}、最陡坡度参数 n_{bi}、形状参数 m_{bi}、第二段拐点参数 j_{bi}、第二段坡度最陡参数 k_{bi}、第二段形状参数 l_{bi} 等7个参数对颗分曲线形态的影响进行分析，如图 3.18～图 3.24 所示。

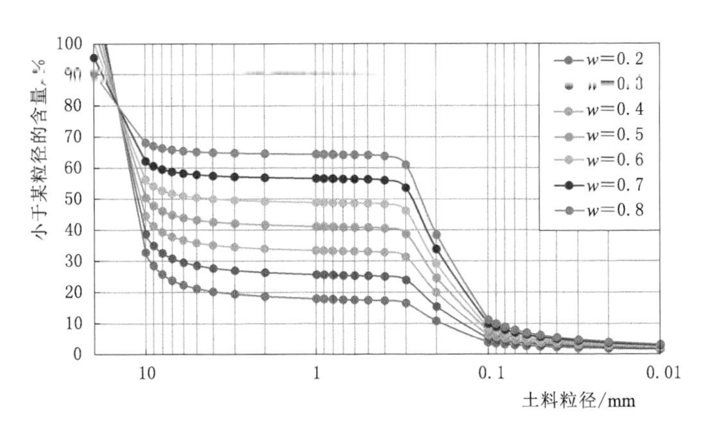

图 3.18　优化参数 w 单因素变化对曲线形态的影响

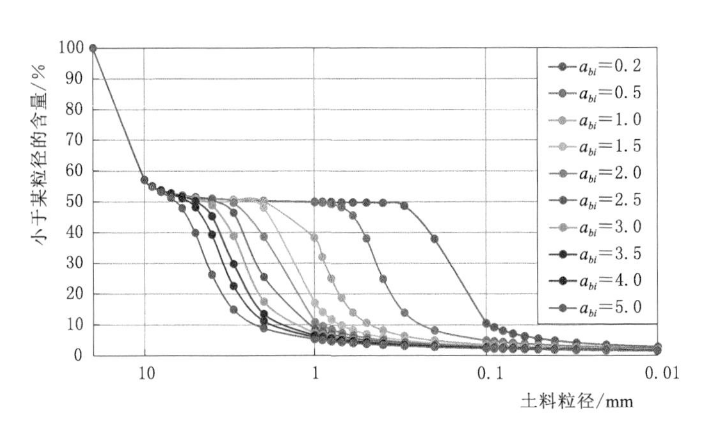

图 3.19　初始拐点参数 a_{bi} 单因素变化对曲线形态影响

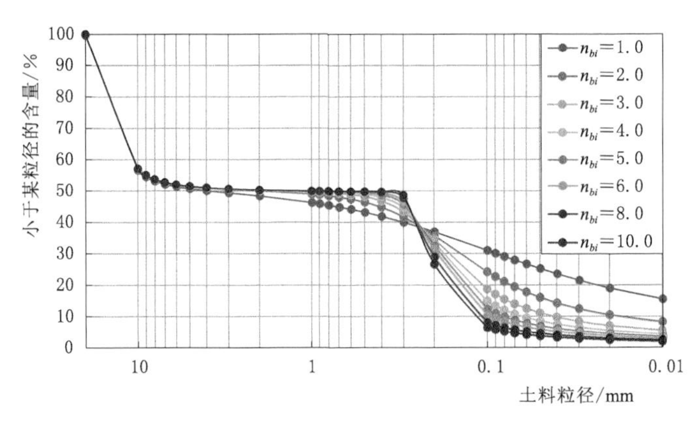

图 3.20　最陡坡度参数 n_{bi} 单因素变化对曲线形态的影响

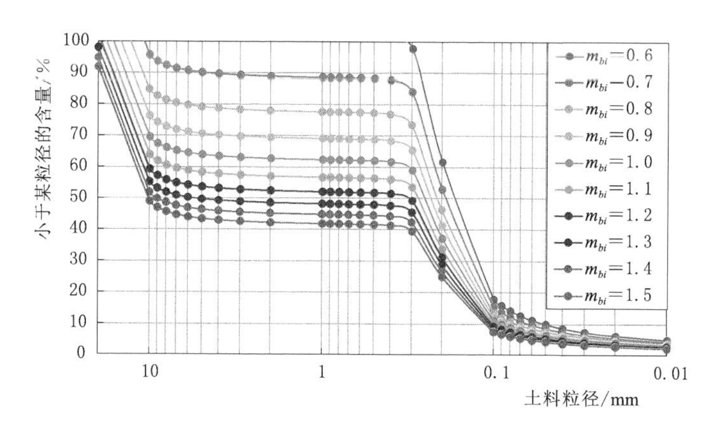

图 3.21 形状参数 m_{bi} 单因素变化对曲线形态影响

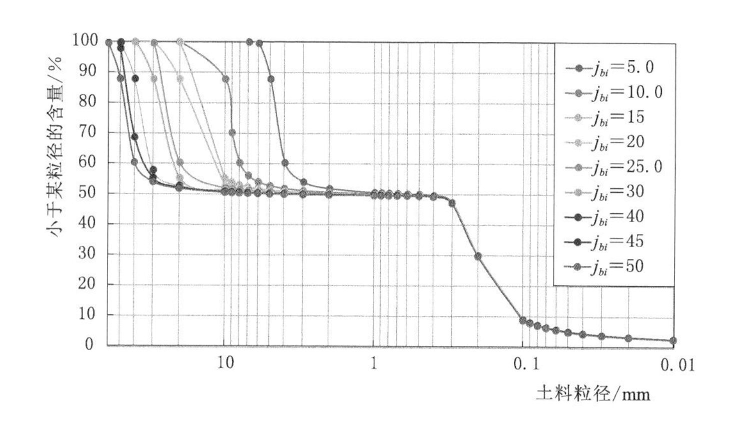

图 3.22 第二段拐点参数 j_{bi} 单因素变化对曲线形态影响

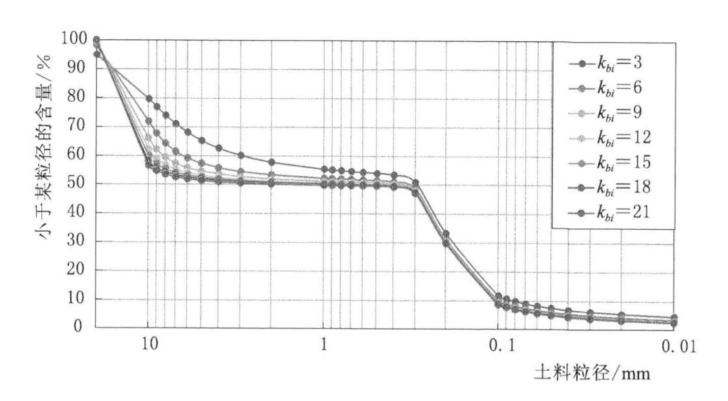

图 3.23 第二段坡度最陡参数 k_{bi} 单因素变化对曲线形态影响

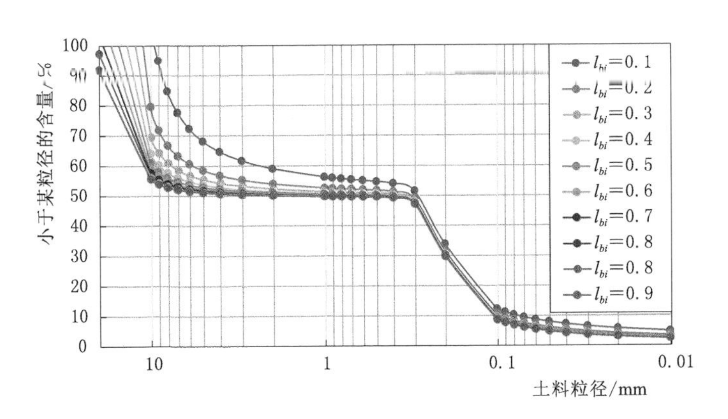

图3.24　第二段形状参数 l_{bi} 单因素变化对曲线形态影响

对比图3.18～图3.24可以看出，方程中优化参数 w 主要影响缺失中间粒径颗分曲线中粗颗粒含量和细颗粒含量的相对变化，优化参数 w 越大，拟合曲线中粗颗粒含量越高，细颗粒含量越少，但对中间粒径分布范围没有明显影响；初始拐点参数 a_{bi} 主要影响细颗粒处曲线的第一个拐点分布范围，该值越小，曲线中的缺失中间粒径分布范围越向细颗粒偏移；最陡坡度参数 n_{bi} 主要影响曲线中缺失中间粒径段在细颗粒处的含量，该值越小，细颗粒含量就越少；形状参数 m_{bi} 主要影响曲线的整体平移，该值越小，曲线分布越向上；第二段拐点参数 j_{bi} 主要影响曲线的第二个拐点分布范围，该值越大，曲线中的缺失中间粒径分布范围向粗颗粒偏移量越大；第二段坡度最陡参数 k_{bi} 主要影响曲线中缺失中间粒径段在粗颗粒处的含量，该值越小，粗颗粒含量就越少；第二段形状参数 l_{bi} 主要影响曲线粗颗粒粒径大小，该值越小，曲线中最大颗粒粒径就越小。

第4章　级配类型与孔隙比关系分析

密实度指的是粗颗粒土固体颗粒排列的紧密程度，填料颗粒排列紧密，结构就稳定，强度高、不易压缩，工程性质良好；反之颗粒排列疏松，结构常处于不稳定状态（赵成刚，2004）。机场建设中填筑料就地取材，为保挖填平衡，填筑用料多为可选性差、变异性大、级配不良的土石混合料。

土石混合料粒径大小悬殊，颗粒间的力传递不均匀，分布具有明显的空间不均匀性。为反映土石混合料颗粒形状和级配对试样密实状态的影响，常用相对密度来反映不同颗粒组成试样的密实状态，以便对不同级配土样的力学行为进行预测和解释（周杰，2011）。确定相对密度的关键是得到试样最大和最小孔隙比，即确定最松散和最密实这两种物理上的极限松密状态。

对于机场高填方工程的土石混合料而言，由于颗粒尺度大，成分复杂，用试验确定相对密度存在相当难度，可重复性也差。

为了解土样的级配类型和密实度的相关性，通过数值模拟手段来探讨两者的相关关系不失为一种行之有效的办法。目前常用的数值模拟方法为离散单元法，可以很方便地模拟任意颗粒大小、任意颗粒形状、任意级配的土样，墙体单元也可灵活组合以模拟任意形状容器和边界，便于开展对土石混合料相对密度试验的仿真分析。

4.1　PFC^{2D} 方法简介

20世纪70年代，Cundall等（1979）建立了离散单元法，该方法不仅可以分析土体经典场量的分布规律，还能深入微观领域，分析组构及配位数等非经典场量的变化规律。颗粒流数值方法假设物体由颗粒组成来研究物体的宏观与微观力学特征，在分析非连续、各向异性物体力学特征及材料破坏方面具有独特的优势（周剑等，2013），能有效地用于定量研究粒状体的微观力学性状（刘斯宏等，2001）。

颗粒流程序PFC^{2D}（Particle Flow Code）是以离散单元方法为基础，由美国Itasca咨询集团公司设计和开发的大型岩土工程计算软件。随着计算机技术的快速发展，颗粒流数值试验已经成为与传统的现场试验和室内试验同等重要的试验手段，已逐渐成为研究岩土散粒体材料力学特性的重要手段之一（黄青富等，2015），在采矿、土木、水利等多个领域（张超等，2013；蒋明镜等，2013；周健等，2013）的室内试验仿真模拟及散粒材料物理和力学性质的宏细观分析中得到了广泛应用。

颗粒流数值方法将材料划分为多个离散的颗粒单元，基本思想是采用介质最基本单元——颗粒和最基本的力学关系——颗粒满足牛顿第二运动定律来描述介质的复杂力学行为。离散单元分析中介质被假设为离散的颗粒集合，仅需保证接触处的力-位移关系满足表征介质应力-应变的本构方程及平衡方程。

该方法假设（Itasca，2002）基本单元为圆盘或球体，颗粒单元被认为是刚性体，与颗粒尺寸相比接触范围很小，接近于点接触，接触为柔性接触，接触处允许一定的重叠。

4.1.1 物理方程

离散单元法物理方程为单元之间的力-位移作用规律（Itasca，2002），颗粒单元的运动方程采用显式中心有限差分法求解，获得每个时刻颗粒的速度和位置。数值模型中，颗粒-颗粒、墙体-颗粒之间的接触处会产生相互作用的接触力 F_i，分解为法向接触力 F_i^n 和切向接触力 F_i^s（图4.1），即

$$F_i = F_i^n + F_i^s \tag{4.1}$$

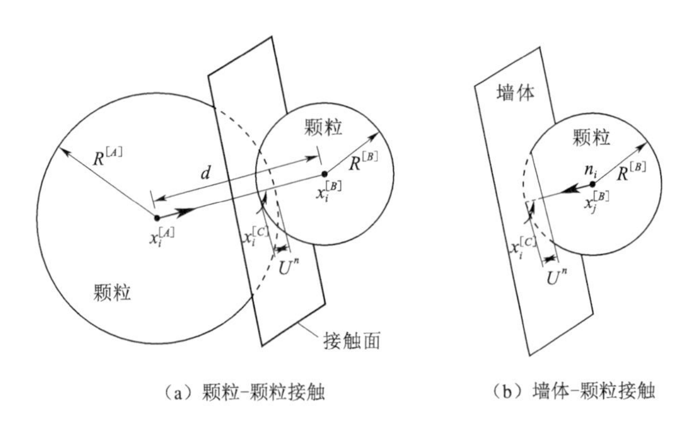

图4.1 法向接触示意图

法向接触力 F_i^n 计算公式为

$$F_i^n = k^n U^n n_i \tag{4.2}$$

式中：k_i^n 为接触点处的法向刚度，属于割线模量，与总位移和力对应；U^n 为法向重叠量（颗粒-颗粒或墙体-颗粒的变形重叠量）；n_i 为接触法向向量，对于颗粒-颗粒和墙体-颗粒接触情况，接触法向向量分别如图 4.2（a）和图 4.2（b）所示。

法向接触力是一个全局坐标值，而切向接触力 F_i^n 是局部坐标下的一个向量，其值随接触位置的不断运动而更新变化，切向接触力计算采用增量模式，由式（4.3）求出：

$$F_i^s = F_i^{s[\text{old}]} + \Delta F_i^s \leqslant \mu F_i^n \tag{4.3}$$

式中：$F_i^{s[\text{old}]}$ 为上一时步的切向接触力；μ 为接触实体摩擦系数的最小值，当 $|\Delta F_i^s| > \mu F_i^n$ 时，取 $\Delta F_i^s = \mu F_i^n$。

切向接触力增量为

$$\Delta F_i^s = -k^s \Delta U_i^s = -k^s V_i^s \Delta t \tag{4.4}$$

式中：k^s 为切线刚度，与位移和力的增量对应；ΔU_i^s 为切向位移；Δt 为计算时步；V_i^s 为接触处相对切向速度，其表达式为

$$V_i^s = (\dot{x}_i^{[\phi^2]} - \dot{x}_i^{[\phi^1]}) s_i - \omega_3^{[\phi^2]} |x_k^{[c]} - x_k^{[\phi^2]}| - \omega_3^{[\phi^1]} |x_k^{[c]} - x_k^{[\phi^1]}| \tag{4.5}$$

式中：s_i 为接触面的单位切向向量；$\dot{x}_i^{[\phi^j]}$ 为颗粒 ϕ^j 滑动速度；$\omega_3^{[\phi^j]}$ 为颗粒 ϕ^j 旋转速度；$x_i^{[\phi^j]}$ 为颗粒 ϕ^j 中心位置向量；$x_k^{[c]}$ 接触点 C 的位置向量。

4.1.2 运动方程

颗粒运动状态由不平衡力和不平衡力矩决定，可用颗粒内一点的线速度与角速度描述（Itasca，2002），运动方程由向量方程表示，不平衡力与平动的关系可表示为

$$F_i = m(\ddot{x}_i - g_i) \tag{4.6}$$

式中：F_i 为不平衡力；$\ddot{x}_i$ 为颗粒的平均加速度；m 为实体总质量；g_i 为体积力加速度（如重力加速度等）。

不平衡力矩与旋转运动的关系可表示为

$$M_i = \dot{H}_i \tag{4.7}$$

式中：M_i 为不平衡力矩；$\dot{H}_i$ 为角动量。

4.1.3　计算流程

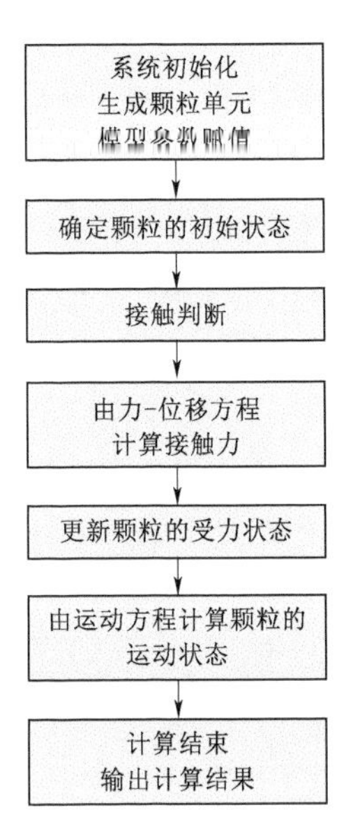

图4.2　离散单元法计算流程图

离散单元法计算流程如图4.2所示（Itasca，2002），即先确定圆盘形颗粒单元的初始状态和接触情况，通过力-位移方程求得每个接触点作用在颗粒上的力，然后求得颗粒在本时步结束时所受不平衡力 $F_i^{(t)}$ 和不平衡力矩 $M_i^{(t)}$。颗粒在本时步 t 之前的所有信息，如速度 $\dot{x}_i^{(t-\Delta t/2)}$、角加速度 $\omega_i^{(t-\Delta t/2)}$、质心坐标 $x_i^{(t)}$ 均是已知量。

下一个时步颗粒受力计算步骤为：根据牛顿运动定律计算出颗粒在本时刻的加速度 $\ddot{x}_i^{(t)}$ 和角加速度 $\dot{\omega}_i^{(t)}$，进而求得颗粒在下一个时步中间时刻 $t\pm\Delta t/2$ 的速度 $\dot{x}_i^{(t+\Delta t/2)}$ 和角速度 $\omega_i^{(t+\Delta t/2)}$；以 $\dot{x}_i^{(t+\Delta t/2)}$ 表示颗粒在下一个时步 $t+\Delta t$ 内的平均速度，可得颗粒在下一个时步结束时，$t+\Delta t$ 时刻的颗粒新位置；将颗粒的新位置代入力-位移法则，即可求得颗粒在时步 $t+\Delta t$ 结束时的不平衡力 $F_i^{(t+\Delta t/2)}$ 和不平衡力矩 $M_i^{(t+\Delta t/2)}$。离散单元法的整个计算过程中，交替应用力-位移定律和牛顿第二运动定律，用动态松弛法迭代求解，从而求得颗粒体的整体运动性态。

4.2　颗分曲线设计与颗粒形状分布

4.2.1　颗分曲线设计

为了解不同颗分曲线与孔隙比的关系，全面反映各种土的孔隙大小，PFC^{2D} 仿真模拟以承德机场高填方土石混合填筑料为基础，按不同粒组重新混合，配制成7条颗分曲线，包括3条B类曲线、3条C类曲线和1条A类曲线（图4.3）。图中A类曲线为级配良好曲线，B类曲线为均匀颗粒曲线，C类曲线为缺失中间粒径的不连续曲线。

4.2.2　颗粒形状及分布

PFC^{2D} 仿真模拟控制数值试样级配与设计曲线一致，数值级配中不同颗粒粒径和数目分布见表4.1和表4.2。其中，A数值试样的颗粒总数为7595；B1、B2和B3数值试样的颗粒总数分别为11805、13303和17728；C1、C2和C3试样的颗粒总数分别为10036、6132和3949。

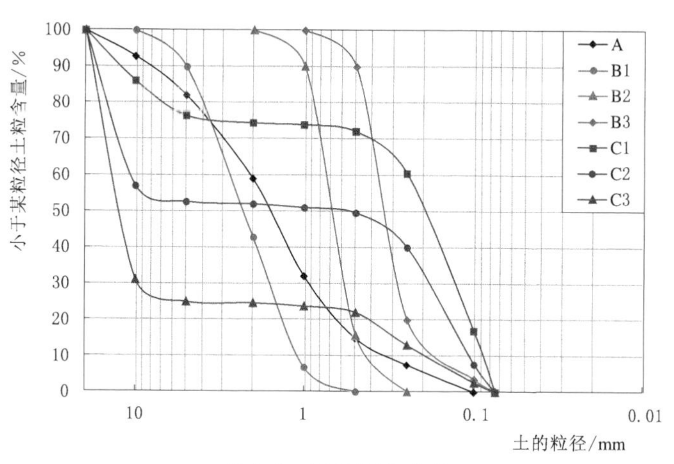

图 4.3 试验颗分曲线

表 4.1 A 数值试样和 C 数值试样 PFC[2D] 颗粒形状及分布

数值试验粒径/mm	20	17	14	10	5	1.5
颗粒形状						
A 数值试样颗粒数目	6	6	6	52	879	6646
C1 数值试样颗粒数目	13	14	13	25	82	9889
C2 数值试样颗粒数目	17	18	17	11	11	6058
C3 数值试样颗粒数目	35	40	36	19	9	3810

表 4.2 B 类数值试样 PFC[2D] 颗粒形状及分布

数值试验粒径/mm	10	5	2	1	0.5	0.25	0.1
颗粒形状							
B1 数值试样颗粒数目	24	1263	5999	4519			
B2 数值试样颗粒数目			239	7105	5959		
B3 数值试样颗粒数目				153	5348	5042	6685

4.3 最大孔隙比 e_{max} 特征分析

最大孔隙比 e_{max} 是指数值试样在自重作用下自由堆积于数值容器中时的孔隙比，与数值试样最松散状态对应。下面分别对各颗分曲线最大孔隙比 e_{max} 进行计算和分析。

4.3.1 计算流程及参数设置

（1）计算过程中先在数值容器顶部生成离散的圆盘颗粒，通过变换尺寸大小和组合方式来模拟土石混合料形状，各组颗粒位置随机，粒组组成与相应级配数值试样对应，通过施加自重使颗粒在容器内下落，形成自然堆积的颗粒集，计算至平衡。

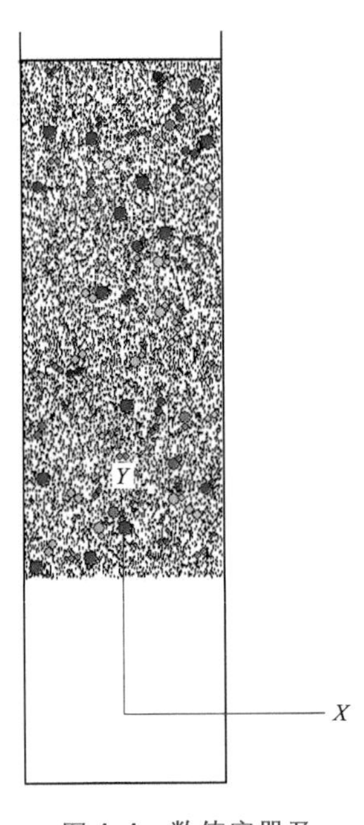

图 4.4　数值容器及颗粒随机分布

(2) 自由堆积模拟的数值容器宽度为 30.5cm，高度为 110cm（图 4.4），初始试样分布高度为 40～110cm。

设置模型刚度为：$k_n^b = k_s^b = k_n^w = k_s^w = 8\times10^7$N/m，采用增大摩擦系数的方法来考虑减维的影响，颗粒间摩擦系数 $f=2$（摩擦系数是通过第 5 章直剪试验仿真模拟确定的，在此保持一致）。假设颗粒堆积容器壁光滑，取墙体摩擦系数 $f=0$。

颗粒密度为 $\rho=2600\text{kg/m}^3$，厚度 t 为 PFC^{2D} 中默认的单位厚度。不同级配颗粒的自由堆积模拟是一个动态过程，在离散单元模型中需设置黏性阻尼模拟碰撞过程中的能量损失。接触模型参数设置为：有拉力黏性阻尼的法向阻尼比 $\zeta_n=0.5$，切向阻尼比 $\zeta_s=0$。

砂土/砾石颗粒之间的摩擦系数物理值在 0.7 左右，由于室内试验中砂土/砾石处于三维应力状态，数值模拟简化为二维分析，空间维数减小，会导致颗粒间约束减小。经调试，模拟分析中取颗粒间摩擦系数 $f=2$，即通过增大摩擦系数的方法来考虑减维的影响。

孙其诚等（2009）基于单轴侧限压缩数值试验结果，对比土体颗粒骨架与力链结构的关系，指出强力链决定颗粒体系的宏观力学行为，定义强力链为接触力阈值 F_c 大于等于颗粒体系内平均接触力 $\langle F\rangle$ 的力链。本书按孙其诚等（2009）提出的以接触力阈值 F_c 大于等于颗粒体系内平均接触力 $\langle F\rangle$ 的力链上的颗粒定义土体的骨架。以接触力阈值 F_c 大于等于 0.15 倍最大接触力 $F_{\max}$ 来定义和确定试样自由堆积过程中的土石混合料骨架，并以红色颗粒表示。

4.3.2　自由堆积完成后骨架组成及力链分布

1. A 数值试样

自由堆积仿真模拟结果是进行振动试验以获得混合料最小孔隙比的基础。为了便于观察振动前后颗粒位置的变化情况，堆积试样振动前沿水平方向生成为不同颜色。A 数值试样自由堆积完成后的颗粒分布情况如图 4.5 所示。从图中可以看出，颗粒级配情况良好，土石混合料的力学特性由细颗粒和粗颗粒碎石共同决定，自由堆积完成后，粗颗粒夹杂在中小颗粒中间，大小颗粒分布较为均匀。

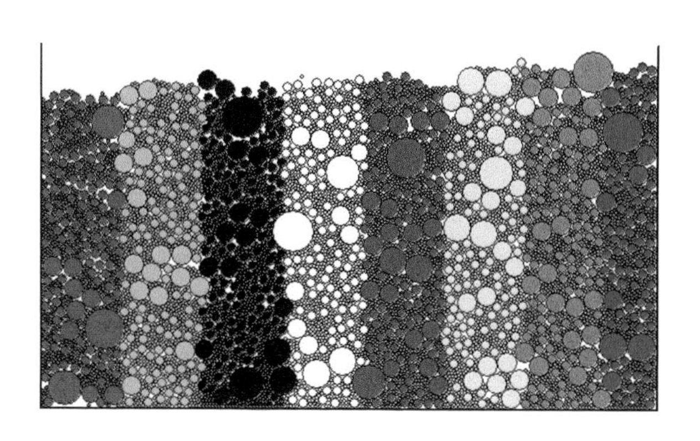

图 4.5 A 数值试样自由堆积完成后颗粒位置（$f=2$）

PFC^{2D} 通过观察颗粒单元与颗粒单元之间的接触力来对整个模型体内应力的分布进行判断，接触点处用线段标明，线条宽度代表了接触力大小，土石混合料自由堆积完成后接触力均为压力，用黑色线段表示。图 4.6 为 A 数值试样自由堆积完成后的颗粒间的力链分布，力链的粗细表示了颗粒接触力的大小。从图中可以看出，自由堆积完成后，A 数值试样在重力作用下颗粒相互接触和嵌挤，不断向底部传递，最终形成树状接触力网，颗粒的主力链汇聚在模拟容器的底部碎石上，从力链分布可以看出，碎石承担了主要荷载。自由堆积完成后，以接触力阈值 F_c 大于等于 0.15 倍最大接触力 F_{max} 来定义和确定试样自由堆积后的土石混合料骨架。表 4.3 是 A 料中骨架颗粒的粒径组成及总数统计，土骨架上颗粒总数为 669 个。

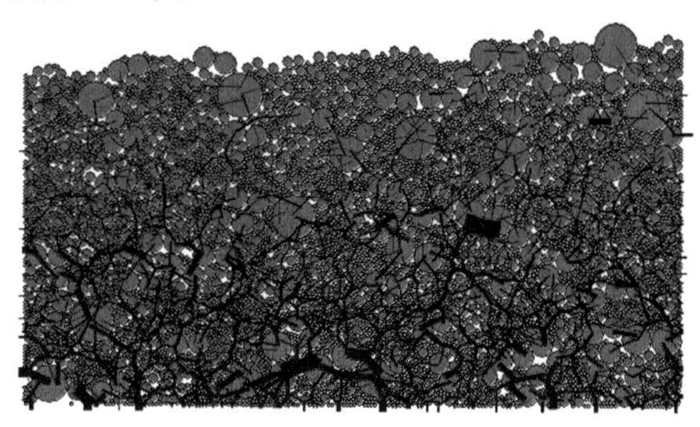

图 4.6 A 数值试样自由堆积完成后骨架颗粒及力链分布（$f=2$）

表 4.3　　　A 数值试样自由堆积完成后骨架颗粒组成及分布

数值试验粒径/mm	20	17	14	10	5	2	总计
颗粒形状							
总颗粒数目	6	6	6	52	879	6446	7595
骨架上颗粒数目	3	3	5	32	233	393	669

2. B1 数值试样

B1 数值试样自由堆积完成后的颗粒分布情况如图 4.7 所示，从图中可以看出，由于颗粒级配比 A 料更为均一，土石混合料的力学特性主要由土体细颗粒承担，自由堆积完成后，稍大的粗颗粒较为密实地夹杂在小颗粒中间，分布较为均匀。

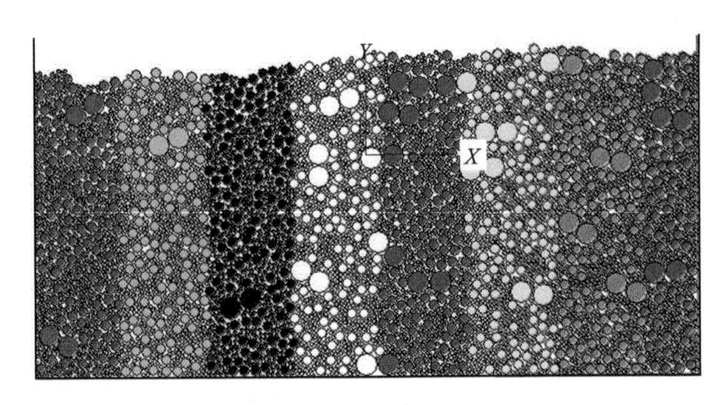

图 4.7　B1 数值试样自由堆积完成后颗粒位置图（$f=2$）

图 4.8 为 B1 数值试样自由堆积完成后颗粒间的力链分布，力链的粗细表示了颗粒接触力的大小。从图中可以看出，自由堆积完成后，B1 数值试样在重力作用下颗粒相互接触和嵌挤，不断向底部传递，尽管比级配良好的 A 数值试样力链分布上稍细，也形成了树状接触力网，受级配颗粒粒径分布的影响，B1 数值试样中力链比 A 数值试样更为密集，颗粒的主力链也主要汇聚在模拟容器的底部碎石上。从力链分布可以看出，土石料中的重力主要由 B1 试样中的粗颗粒

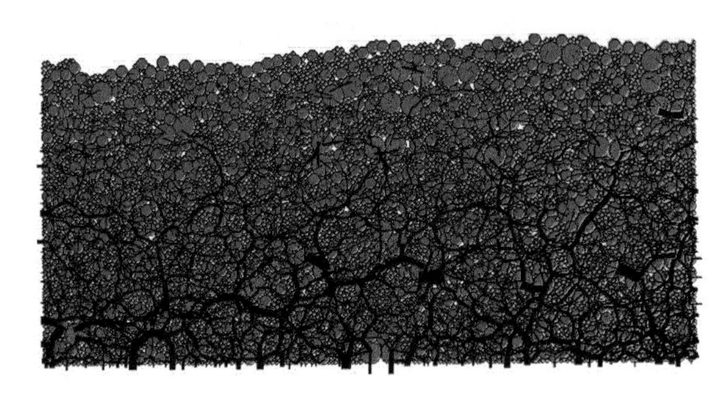

图 4.8　B1 数值试样自由堆积完成后骨架颗粒及力链分布（$f=2$）

来传递，粒径较大的碎石承担了主要荷载接触力。自由堆积完成后，以接触力阈值 F_c 大于等于 0.15 倍最大接触力 F_{max} 来定义和确定试样自由堆积后的土石混合料骨架。表 4.4 是 B1 数值试样中骨架颗粒的粒径组成及总数统计，可以看出土骨架的颗粒总数为 1225 个，比 A 数值试样增加了 556 个。

表 4.4　B1 数值试样自由堆积完成后骨架颗粒组成及分布

数值试验粒径/mm	10	5	2	1	总计
颗粒形状					
总颗粒数目	24	881	4182	3150	8237
骨架上颗粒数目	17	383	607	218	1225

3. B2 数值试样

B2 数值试样自由堆积完成后的颗粒分布情况如图 4.9 所示，从图中可以看出，由于颗粒级配比 A 数值试样及 B1 数值试样更为均一，最大粒径进一步减小，土石混合料的力学特性主要由土体中的细颗粒主体来承担，自由堆积完成后，分布较 B1 数值试样更为均匀。

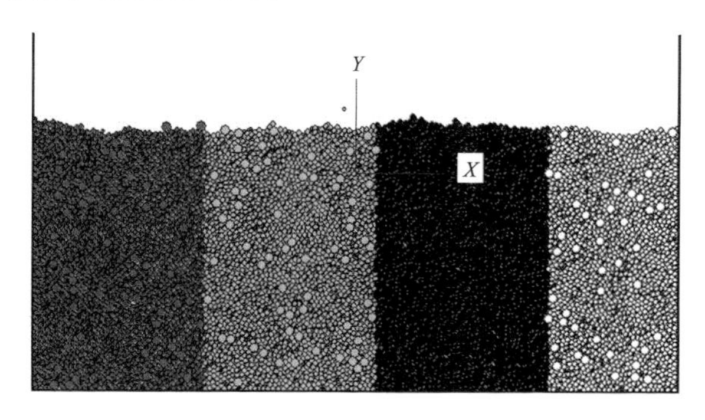

图 4.9　B2 数值试样自由堆积完成后颗粒位置图（$f=2$）

图 4.10 为 B2 数值试样自由堆积完成后的颗粒间的力链分布，可以看出 B2 数值试样在重力作用下颗粒相互接触和嵌挤，不断向底部传递，受颗粒粒径均一及最大粒径降低的影响，力链分布上也更细，形成的树状接触力网向上分布的范围更广，受级配颗粒粒径分布的影响，B2 数值试样中力链比 B1 数值试样和 A 数值试样更为密集，颗粒的主力链也主要汇聚在模拟容器的底部碎石上。从力链分布可以看出，土石料中的重力主要由细颗粒来传递，并承受了主要荷载的接触力。自由堆积完成后，以接触力阈值 F_c 大于等于 0.15 倍最大接触力 F_{max} 来定义和确定试样自由堆积后的土石混合料骨架，表 4.5 是 B2 数值试样中骨架颗粒的粒径组成及总数统计，可以看出土骨架的颗粒比 B1 数值试样进一步增加，总数达到 3005 个，比 B1 数值试样增加了 1780 个。

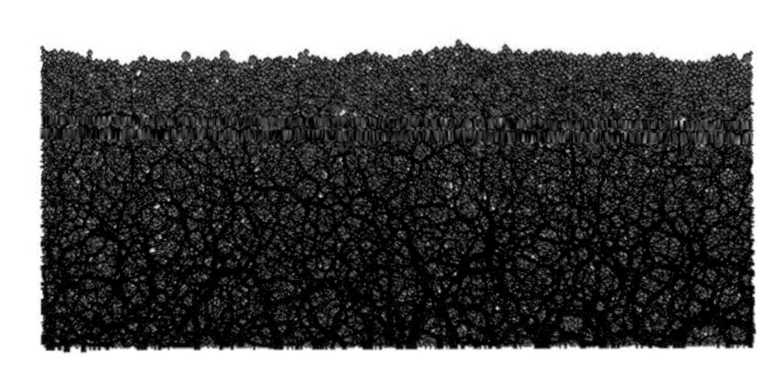

图 4.10 B2 数值试样自由堆积完成后骨架颗粒及力链分布（$f=2$）

表 4.5 **B2 数值试样自由堆积完成后骨架颗粒组成及分布**

数值试验粒径/mm	2	1	0.5	总计
颗粒形状	○	○	○	
总颗粒数目	239	7105	5959	13303
骨架上颗粒数目	130	2116	759	3005

4. B3 数值试样

B3 数值试样自由堆积完成后的颗粒分布情况如图 4.11 所示，从图中可以看出，由于颗粒级配比 A 数值试样及 B1 数值试样、B2 数值试样更为均一，最大粒径进一步减小，最大粒径只有 2mm，土料力学特性主要由土体中的细颗粒主体来承担，自由堆积完成后，分布较 B1 数值试样和 B2 数值试样更加均匀。

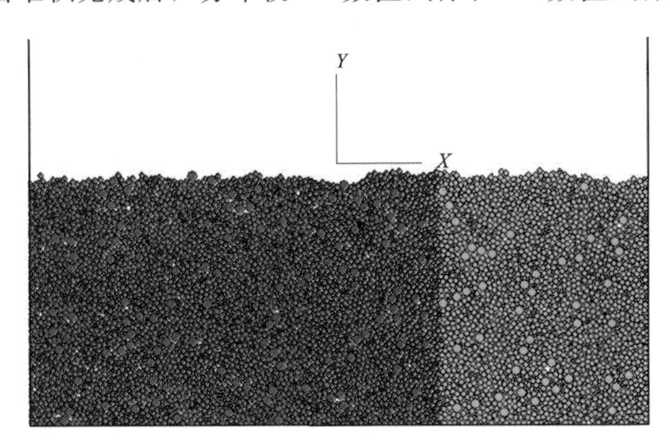

图 4.11 B3 数值试样自由堆积完成后颗粒位置图（$f=2$）

图 4.12 为 B3 数值试样自由堆积完成后的颗粒间的力链分布，可以看出 B3 数值试样在重力作用下颗粒相互接触和嵌挤，不断向底部传递，受颗粒粒径均一及最大粒径降低的影响，力链分布上也更细，形成的树状接触力网向上分布的范围更广。由于颗粒粒径分布更为均一，B3 数值试样中力链比 B1 数值试样、B2 数值试样及 A 数值试样更为密集，颗粒的主力链主要汇聚在模拟容器的底部

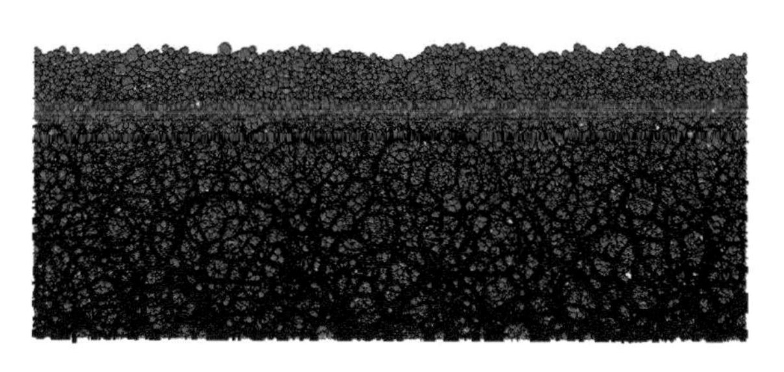

图 4.12 B3 数值试样自由堆积完成后
骨架颗粒及力链分布（$f=2$）

碎石上。从力链分布可以看出，土石料中的重力主要由细颗粒来传递，并承受了主要荷载的接触力。自由堆积完成后，以接触力阈值 F_c 大于等于 0.15 倍最大接触力 F_{max} 来定义和确定试样自由堆积后的土石混合料骨架。表 4.6 是 B3 料中骨架颗粒的粒径组成及总数统计，可以看出土骨架的颗粒比 B1 数值试样和 B2 数值试样进一步增加，总数达到 5495 个，分别比 B1 数值试样、B2 数值试样增加了 4270 和 2490 个，说明颗粒越均匀，最大粒径越小，则自由堆积完成后，土体骨架上的颗粒也就越多，力链分布也越均匀。

表 4.6　B3 数值试样自由堆积完成后骨架颗粒组成及分布

数值试验粒径/mm	2	1	0.5	0.2	总计
颗粒形状	○	○	○	○	
总颗粒数目	153	4278	4034	5348	13813
骨架上颗粒数目	105	2912	1773	705	5495

5. C1 数值试样

C1 数值试样自由堆积完成后的颗粒分布情况如图 4.13 所示，从细观来看，

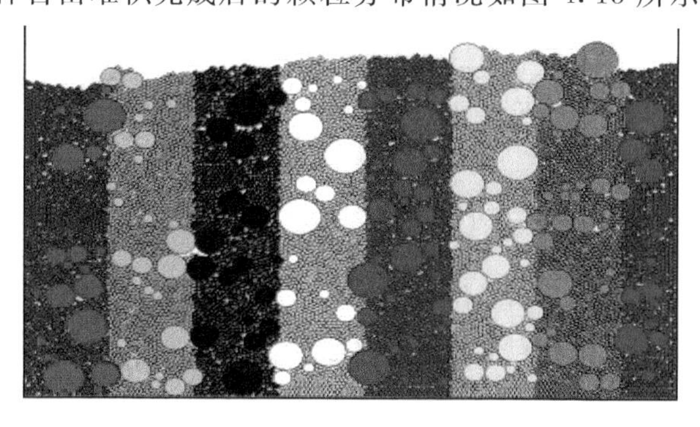

图 4.13 C1 数值试样自由堆积完成后
颗粒位置图（$f=2$）

颗粒级配缺失中间粒径，大粒径碎石含量较小时，堆积时容易被细颗粒包裹，自由堆积结束后碎石与细颗粒接触较多。自由堆积完成后，粗颗粒分散分布在细颗粒之间，且分布较为均匀。

图4.14为C1数值试样自由堆积完成后的颗粒间的力链分布，可以看出C1数值试样在重力作用下颗粒相互接触和嵌挤，不断向底部传递，受颗粒缺失中

图4.14 C1数值试样自由堆积完成后骨架颗粒及力链分布（$f=2$）

间粒径的影响，分布较为广泛，形成的树状接触力网向上分布的范围较广。颗粒的主力链主要汇聚在模拟容器的底部碎石上。从力链分布可以看出，土石料中的重力主要由粗颗粒来传递，粗颗粒承受了主要荷载的接触力。自由堆积完成后，以接触力阈值 F_c 大于等于0.15倍最大接触力 F_{max} 来定义和确定试样自由堆积后的土石混合料骨架。表4.7是C1数值试样中骨架颗粒的粒径组成及总数统计，可以看出土骨架的颗粒总数为1704个，比最大粒径相同级配良好的A数值试样增加了1035个，这说明自由堆积完成后，缺失中间粒径情况下，土体骨架上的颗粒要比良好级配的多，力链向上分布也更广。

表4.7 C1数值试样自由堆积完成后骨架颗粒组成及分布

数值试验粒径/mm	20	17	14	10	5	2	总计
颗粒形状							
总颗粒数目	13	14	13	25	82	9889	10036
骨架上颗粒数目	9	11	12	18	39	1615	1704

6. C2数值试样

C2数值试样自由堆积完成后的颗粒分布情况如图4.15所示，从细观来看，颗粒级配缺失中间粒径，随着大粒径碎石含量进一步增加，被细颗粒包裹的数

量相对减小，粗颗粒分担了相当部分的自重荷载。受颗粒接触的影响，自由堆积完成后，粗颗粒散布在细颗粒之间，分布也较为均匀。

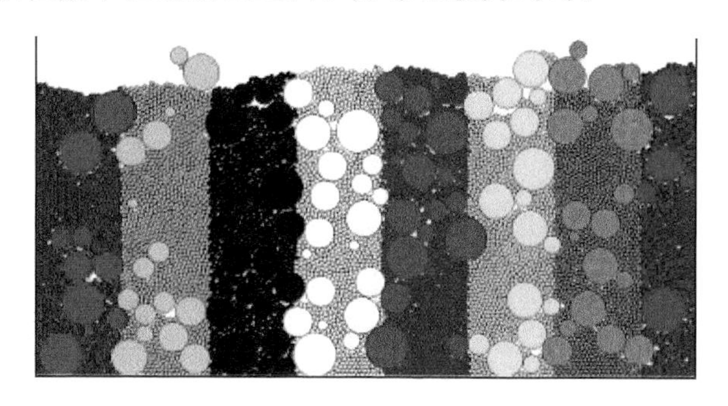

图 4.15 C2 数值试样自由堆积完成后颗粒位置图（$f=2$）

图 4.16 为 C2 数值试样自由堆积完成后的颗粒间的力链分布，可以看出 C2 数值试样在重力作用下颗粒相互接触和嵌挤，不断向底部传递，受颗粒缺失中间粒径的影响及碎石等大粒径颗粒含量的进一步增加，受力更为明显，分布较为广泛，形成的树状接触力网向上分布的范围更广。颗粒的主力链主要汇聚在模拟容器的底部碎石上。从力链分布可以看出，土石料中的重力主要由粗颗粒来传递，粗颗粒承受了主要荷载的接触力。自由堆积完成后，以接触力阈值 F_c 大于等于 0.15 倍最大接触力 F_{max} 来定义和确定试样自由堆积后的土石混合料骨架。表 4.8 是 C2 数值试样中骨架颗粒的粒径组成及总数统计，可以看出土骨架的颗粒总数为 446 个，比最大粒径相同的 C1 数值试样降低了 1258 个，这说明自由堆积完成后，碎石等大颗粒材料含量改变了力链大小的分布，缺失中间粒径情况下，随着大颗粒含量的进一步增加，细颗粒变少，粗颗粒之间在自重压密后开始相互接触，逐渐起到骨架作用，并能传递大部分压力，受土石共同影响，C2 数值试样级配下土石混合料粗细颗粒能互相填充，得到较密实的结构，且土体骨架上的颗粒会进一步降低，主要由粗颗粒承担，力链分布也更广。

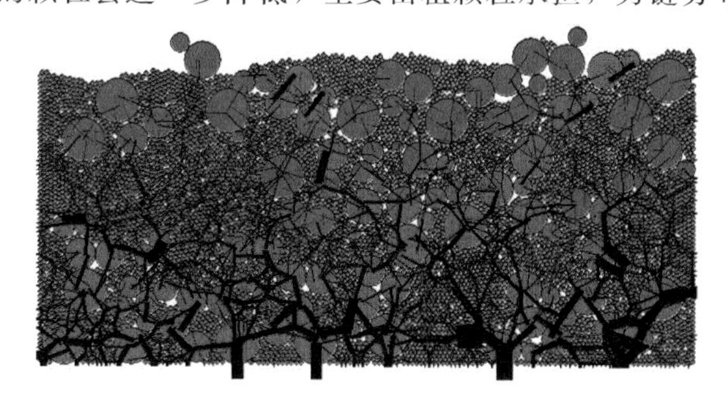

图 4.16 C2 数值试样自由堆积完成后
骨架颗粒及力链分布（$f=2$）

表 4.8　　C2 数值试样自由堆积完成后骨架颗粒组成及分布

数值试验粒径/mm	20	17	14	10	5	2	总计
颗粒形状							
总颗粒数目	17	18	17	11	11	6058	6132
骨架上颗粒数目	9	14	14	8	2	399	446

7. C3 数值试样

C3 数值试样自由堆积完成后的颗粒分布情况如图 4.17 所示，由于颗粒级配缺失中间粒径，随着大粒径碎石含量进一步增加，被细颗粒包裹的数量相对减小，粗颗粒分布更为广泛。受颗粒接触的影响，自由堆积完成后，粗颗粒占主要分布，细颗粒散布在粗颗粒之间。且从图中可以看出，大颗粒块石之间充分形成骨架，且细颗粒无法完全填充粗颗粒间的孔隙，堆积完成后试样内部部分区域出现架空，细粒土已很少参与受力，土石混合料性质主要受大颗粒的块石控制。

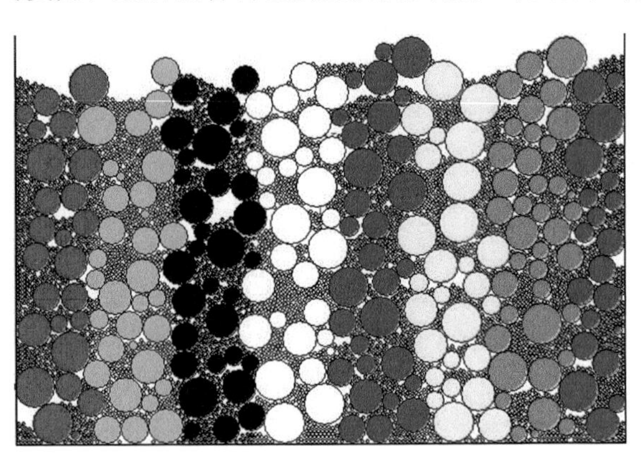

图 4.17　C3 数值试样自由堆积完成后颗粒位置图（$f=2$）

图 4.18 为 C3 数值试样自由堆积完成后的颗粒间的力链分布，可以看出 C3 数值试样在重力作用下颗粒相互接触和嵌挤，不断向底部传递，受颗粒缺失中间粒径的影响及碎石等大粒径颗粒含量的进一步增加，粗颗粒受力更为明显，形成的树状接触力网向上分布的范围更广。颗粒的主力链由 C2 数值试样主要汇聚在模拟容器底部碎石开始向上分布上，土体内部架空现象更为明显。从力链可以看出，土石料中的力主要由粗颗粒来传递，粗颗粒承受了主要荷载的接触力。自由堆积完成后，以接触力阈值 F_c 大于等于 0.15 倍最大接触力 F_{max} 来定义和确定试样自由堆积后的土石混合料骨架。表 4.9 是 C3 料中骨架颗粒的粒径组成及总数统计，可以看出土骨架的颗粒总数为 309 个，分别比同样缺失中间粒径且最大粒径相同的 C1 数值试样和 C2 数值试样降低了 1395 和 137 个，这说明自由堆积完

成后，碎石等大颗粒材料含量的改变会明显改变力链大小的分布。在缺失中间粒径情况下，随着大颗粒含量的进一步增加，细颗粒变得更少，粗颗粒之间在自重压密后进一步相互接触，起到了明显的骨架作用，并传递了大部分压力，且土体骨架上的颗粒会进一步降低，主要由粗颗粒承担，力链分布也更广。

图 4.18　C3 数值试样自由堆积完成后骨架颗粒及力链分布（$f=2$）

表 4.9　C3 数值试样自由堆积完成后骨架颗粒组成及分布

数值试验粒径/mm	20	17	14	10	5	2	总计
颗粒形状							
总颗粒数目	35	40	36	19	9	3810	3949
骨架上颗粒数目	21	30	24	13	1	220	309

4.3.3 最大孔隙比数值结果分析

为计算自由堆积完成后（图 4.19）各试样的孔隙比，设置了 3 条孔隙比计算

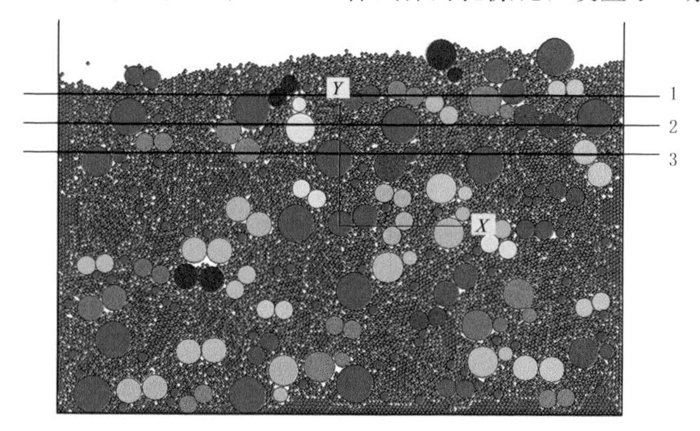

图 4.19　自由堆积孔隙比计算线示意图

线，1～3 线的间隔均为 4mm。若某颗粒质心在孔隙比计算线之外，则删除该颗粒，以留下的颗粒面积之和作为 V_s，根据 $e=V_v/V_s$ 计算出相应试样的孔隙比。图 4.20～图 4.22 为 C1 数值试样自由堆积结束后，1～3 线下的颗粒位置形态及相应孔隙比计算区域示意图。

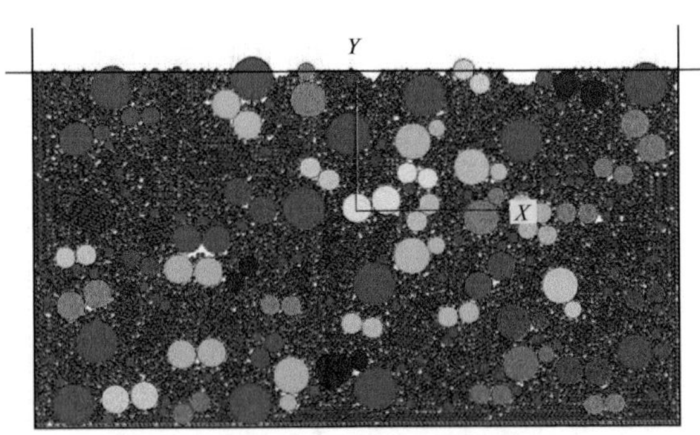

图 4.20　C1 数值试样自由堆积后 1 线下的颗粒位置形态图

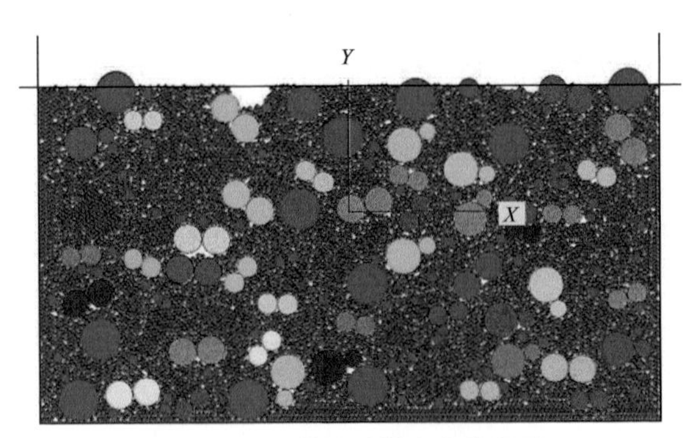

图 4.21　C1 数值试样自由堆积后 2 线下颗粒位置形态图

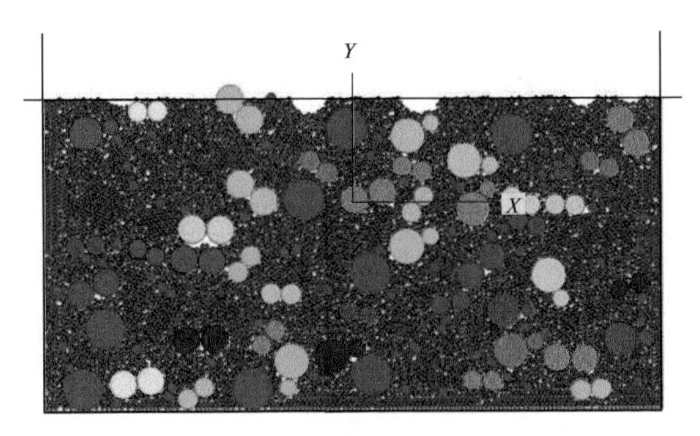

图 4.22　C1 数值试样自由堆积后 3 线下颗粒位置形态图

为更好地评判和测定孔隙比的模拟结果，除计算上述3线下A、B1～B3及C1～C3数值试样孔隙比外，计算时还另外替换2线和3线，将1～3线间距调整为5mm，每个级配试样共进行5个情况下最大孔隙比计算，以平均值作为该试样的代表性堆积孔隙比。

某一颗粒配位数指的是该颗粒与周围其他颗粒的接触数目，是反映颗粒堆积体有关力的传递及强度等特性的良好指标，配位数反映了散体内部的微观信息（Bernal，1960），根据散粒体平均配位数的大小可以初步了解堆积体内部的接触网。因此，在计算和分析最大孔隙比过程中也统计了各级配土石混合料颗粒的平均配位数。

在 PFC^{2D} 数值分析中，土石混合料的平均配位数可定义为

$$\overline{CN}=\frac{\sum_{i=1}^{N}CN_i}{N} \tag{4.8}$$

式中：CN_i 为测量单元内第 i 个颗粒与周围颗粒的接触数；CN 为测量单元内颗粒的平均配位数。

三类数值试样的最大孔隙比仿真试验模拟结果见表4.10，A数值试样最大孔隙比为0.1589，配位数为3.1614；B1～B3数值试样最大孔隙比依次为0.1795、0.1806和0.1821，配位数依次为3.2105、3.0974和3.0904；C1～C3数值试样最大孔隙比依次为0.1726、0.1555和0.1524，配位数依次为3.1661、2.9007和2.2032。

表4.10　三类数值试样最大孔隙比试验数值模拟结果统计

数值试样	最大孔隙比 e_{max}	配位数 C_n	数值试样	最大孔隙比 e_{max}	配位数 C_n
A	0.1589	3.1614	C1	0.1726	3.1661
B1	0.1795	3.2105	C2	0.1555	2.9007
B2	0.1806	3.0974	C3	0.1524	2.2032
B3	0.1821	3.0904			

自由堆积完成后，重力作用下各级配颗粒均相互接触和嵌挤，不断向底部传递，形成树状接触力网。骨架颗粒统计表明，A试样力学特性由细颗粒和粗颗粒碎石共同决定，力链分布较为广泛，B1～B3数值试样随着粒径减小骨架上颗粒数量逐渐增加，C1～C3数值试样随 P_5 含量增加骨架颗粒数量逐渐减小，力链向上分布的范围则不断增大。

相同模拟条件下，级配对最大孔隙比有重要影响，各类型土石混合料的最大孔隙比和配位数在数值上有较大差别。对于级配良好的A试样，最大孔隙比小于

粒径较为均一的 B 数值试样及缺失中间粒径的 C1 数值试样，并与 C2 和 C3 数值试样的最大孔隙比较为接近，说明级配良好的土石混合料在自由堆积过程中，粗细颗粒互相填充，较易获得较高密实度。对于粒径较为均一的 B 数值试样，由于试样粒径范围相对较小，各类型的土石混合料计算得到的最大孔隙比结果较为接近；随着粒径的进一步减小，B1～B3 数值试样的配位数逐渐降低。对于粒径缺失的 C 数值试样，C1 数值试样中细颗粒含量较高，粗颗粒含量较低，计算结果显示其孔隙比最大，试样最松散，但是由于粗颗粒含量少，堆积过程中大颗粒周围接触小颗粒数目相对较多，导致其配位数最大。随着大颗粒数目的增加、小颗粒数目的减少，试样的最大孔隙比逐渐减小，配位数也随之减少。

4.4　最小孔隙比 e_{min} 特征分析

对比美国 ASTM 规范、英国 BS 规范和我国《土工试验方法标准》（GB/T 50123—2019）可以看出，获得最小孔隙比最有效的方法是振动台试验，通过振动使整个试样达到重力势能最小状态（周杰，2011）。本节通过对图 4.3 中自由堆积后 7 条颗分曲线数值试样施加振动达到最密实状态，获得各试样最小孔隙比。振动密实试验的离散单元数值模拟中采用小幅高频振动来获得与试验室等效的密实效果。

4.4.1　数值模型参数

数值试样的振动密实是一个动态过程，在最小孔隙比试验的离散单元模拟中必须采用动态黏性阻尼的模型参数。最小孔隙比试验离散单元模型的参数与自由堆积模拟参数相同，取颗粒和墙体的法向和切向刚度 $k_n=k_s=8\times10^7$ N/m，颗粒之间的摩擦系数分别考虑 $f=2$ 和极端理想状态下的 $f=0$；墙体的摩擦系数均为 $f=2$；有拉力黏性阻尼的法向阻尼比 $\zeta_n=0.5$、切向阻尼比 $\zeta_s=0.0$。

4.4.2　振动施加方法

试验室振动试验中，将装有颗粒试样的容器固定在振动台上，利用振动台施加水平或竖直方向的周期性振动，达到试样密实目的。振动用位移控制，位移 $u(t)$ 的变化规律可表示为

$$u(t)=A\sin(\omega t)=A\sin(2\pi f t) \tag{4.9}$$

式中：A 为振幅，m；ω 为角频率，rad/s；f 为振动频率，Hz；t 为振动时间，s。

离散单元模型中仅能对墙体施加速度控制条件，不能直接施加位移或者力。

对式（4.9）求导，可得振动台在某一方向速度 $v(t)$ 的变化规律：

$$v(t)=2\pi fA\cos(2\pi ft) \tag{4.10}$$

将式（4.10）描述的速度同步施加在容器左、下、右墙体上，在整个振动过程中实现容器的相对位置保持不变。

振动分析中，为定量描述振幅 A 和振动频率 f 的作用，引入无量纲的振动相对加速度 Γ：

$$\Gamma=A\omega^2/g=A(2\pi t)^2/g \tag{4.11}$$

式中：g 为重力加速度，取 $10\mathrm{m/s^2}$。

对比式（4.10）和式（4.11）可知，振动相对加速度 Γ 越大表示振动初始速度 $v(t=0)$ 越大，颗粒所受的振动越强烈，颗粒位置变化也就越大。

4.4.3 振动密实试验参数

振动密实试验参数包括：振动频率 f(Hz)、振幅 A(mm)、振动时间 t（s）和振动方向。颗粒集合在振动作用下的力学响应是一个复杂的问题（Rosatoa 等，2001；Lu 等，2008；Kuo 等，2008；周杰，2011），振动参数不同可能导致颗粒集合力学响应不同，颗粒集合可能会变密实也可能变松散，也可能出现扩散现象也可能发生对流现象，不同性质颗粒集合在相同振动参数作用下力学响应也不同。

ASTM 规范建议了两组振动参数：①频率 $f=60$Hz、振幅 $A=(0.33\pm0.05)$mm、振动时间 $t=(8\pm0.25)$min，振动加速度 $\Gamma=4.69$；②频率 $f=50$Hz、振幅 $A=(0.48\pm0.08)$mm、振动时间 $t=(12\pm0.25)$min，振动加速度 $\Gamma=4.74$。Vanel 等（1997）研究表明小幅高频的振动有利于密实效果，本章在振动密实试验的离散单元数值模拟中，取振动频率 $f=60$Hz，振幅 $A=0.33$mm，对试样也施加水平振动。

较长振动时间有利于试样充分密实，由于二维数值试样颗粒数目要远远小于三维数目，在保证计算精度和提高计算效率的前提下，在振动试验数值模拟中将 ASTM 规范中规定振动时间适当减小。经过试算，将缺失中间粒径数值试样模拟振动时间设置为 $t=5$s，分析振动过程中各数值试样孔隙比的变化规律。

4.4.4 最小孔隙比 e_{min} 数值结果分析

为了便于观察振动前后颗粒位置的变化情况，各级配数值试样在振动前沿水平方向生成为不同颜色（图 4.23）。为监测堆积颗粒内部的孔隙比变化情况、考察达到最小孔隙比所需时间，以及不同摩擦系数下测量圆内颗粒孔隙比随振动的变化规律，在 A、B1～B3、C1～C3 数值试样左右两侧各设置一个测量圆。计算结束后，按 4.3.2.2 小节中的方法计算相应各级配土石料的最小孔隙比。

从图 4.23 中可以看出，A 数值试样颗粒级配情况良好，力学特性由细颗粒和粗颗粒碎石共同决定，振动前自由堆积完成后，粗颗粒夹杂在中小颗粒中间，且大小颗粒分布较为均匀。

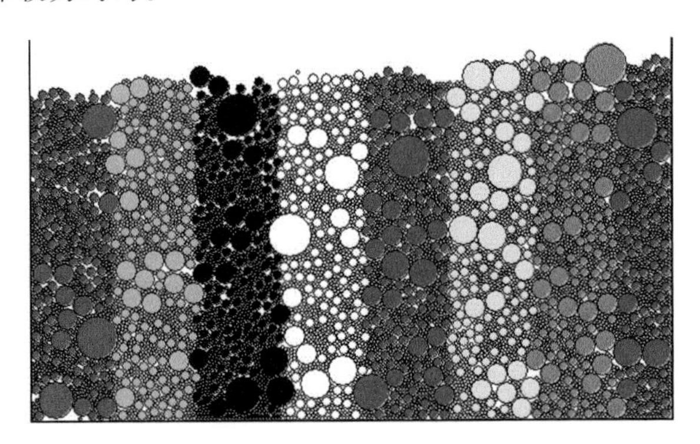

图 4.23　A 数值试样振动前颗粒位置图（$f=2$）

对比图 4.23～图 4.25 可以看出，A 数值试样在振动前后颗粒位置发生的变化较小，表层大颗粒向下移动量并不大，但越靠近表层，颗粒向下的位移量相

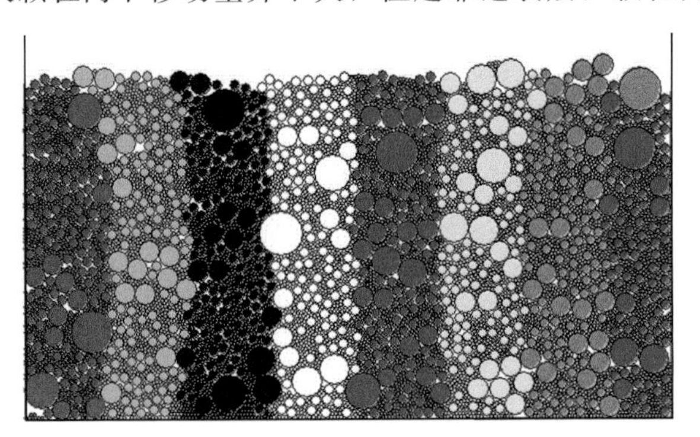

图 4.24　A 数值试样振动后颗粒位置图（$f=2$）

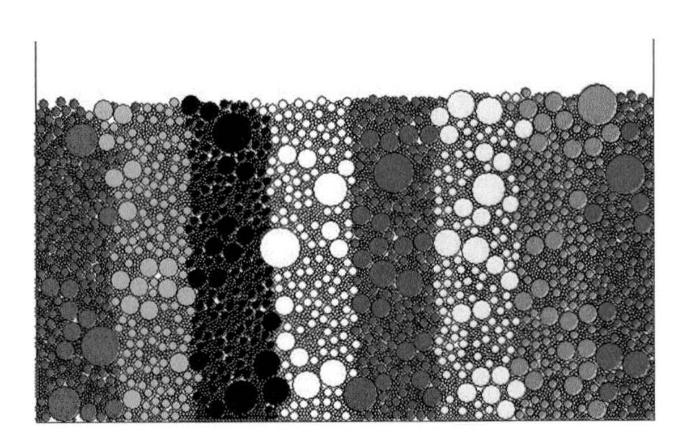

图 4.25　A 数值试样振动后颗粒位置图（$f=0$）

对越大。相对的，在振动影响下，水平方向上颗粒位置变化相对明显，表现为大颗粒向土体内部移动，土体内部孔隙进一步减小，且越靠近容器边缘，移动量越大。对比图 4.24 和图 4.25 还可以看出，颗粒间摩擦系数对 A 数值试样振动效果有明显的影响，摩擦系数为 2 时，振动结束后表层可以看到部分大粒径颗粒，表层不平滑；摩擦系数为 0 时，振动结束后土样表层变得基本平滑，说明振动过程中若没有摩擦力，颗粒间相互移动更为容易。

由图 4.26 和图 4.27 可以看出，两种摩擦系数下，振动作用过程中 A 数值试样的孔隙比均随时间的增加而不断减小并最终趋于稳定，且不同监测圆中同种摩擦系数的混合料呈现的减小规律基本一致。

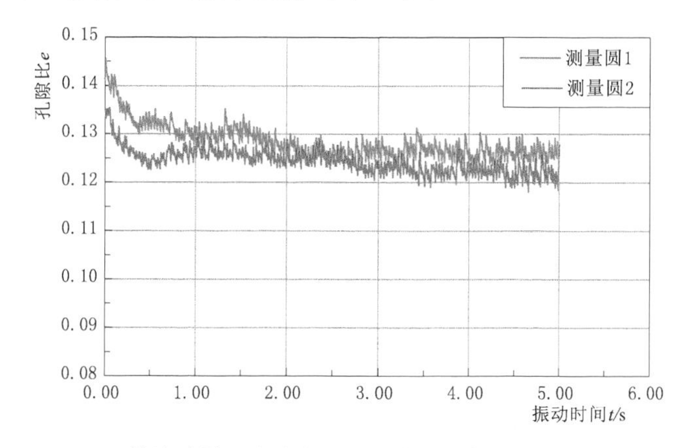

图 4.26　A 数值试样最小孔隙比随振动时间变化监测曲线（$f=2$）

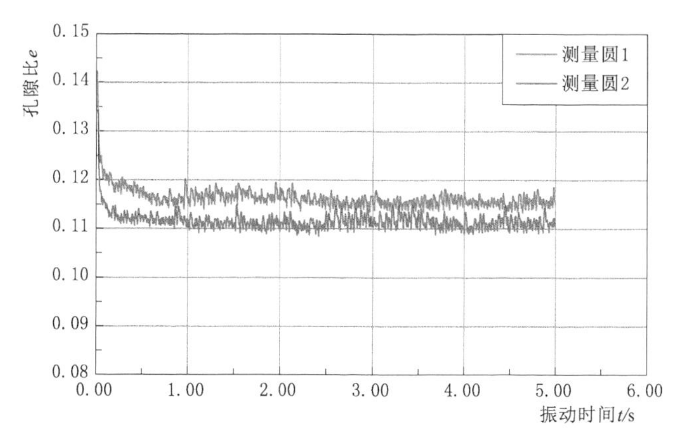

图 4.27　A 数值试样最小孔隙比随振动时间变化监测曲线（$f=0$）

从图 4.26 中可以看出，颗粒间摩擦系数为 2 的情况下，经过 0.5s 孔隙比由 0.15 迅速降低到 0.13 附近，并逐渐趋于稳定；相比之下颗粒间摩擦系数为 0 的理想状态下，孔隙比从 0.15 降到 0.13 仅用约 0.4s，然后趋于稳定，这是因为颗粒间摩擦系数越大，抗滑能力越强，反之，抗滑能力减小，在振动作用下更容易产生位置调整，材料更密实，两个监测圆中测得的孔隙比变化规律的一致性也更好。

从图 4.28 中可以看出，B1 数值试样颗粒组成相对均一，中等颗粒相对较少，土石混合料的力学特性主要由细颗粒决定，振动前自由堆积完成后，中等颗粒夹杂在小颗粒中间，且大小颗粒分布较为均匀。

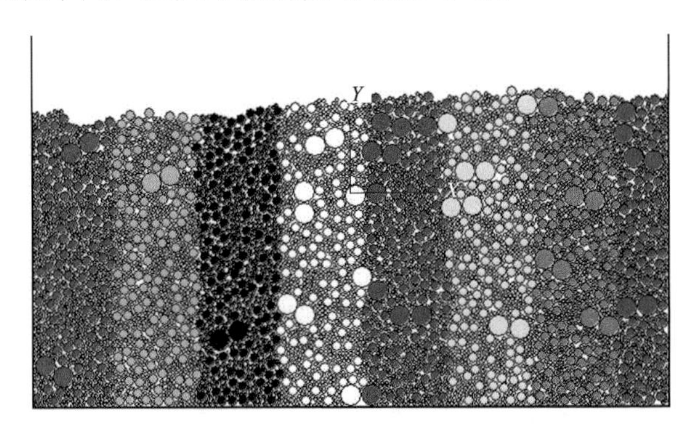

图 4.28　B1 数值试样振动前颗粒位置图（$f=2$）

由于颗粒较为均一，且小颗粒较多，对比图 4.29 和图 4.30 可以看出，B1 数值试样在振动前后颗粒位置发生的变化较为明显，主要表现为表层大颗粒向下移动，且越靠近表层，颗粒向下的位移量相对越大。相对的，在振动影响下，水平方向上颗粒位置变化相对明显，表现为大颗粒向土体内部移动，土体内部孔隙进一步减小，且越靠近容器边缘，移动量越大。对比图 4.29 和图 4.30 还可以看出，颗粒间摩擦系数对 B1 数值试样振动效果有明显的影响，摩擦系数为 2 时，振动结束后表层可以看到部分大粒径颗粒，表层不平滑；摩擦系数为 0 时，振动结束后土样表层变得基本平滑，说明振动过程中若没有摩擦力，颗粒间相互移动更为容易。

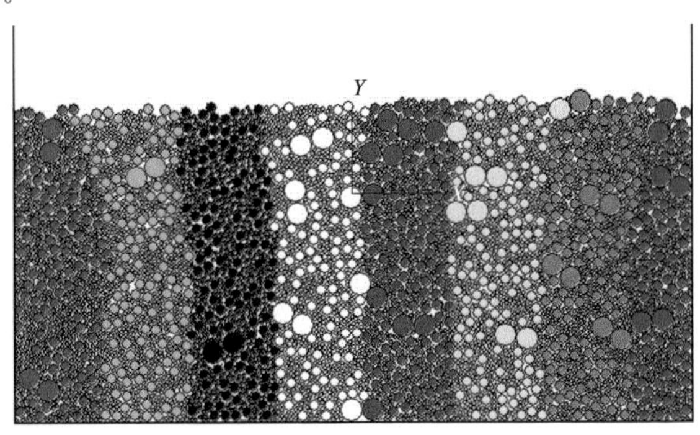

图 4.29　B1 数值试样振动后颗粒位置图（$f=2$）

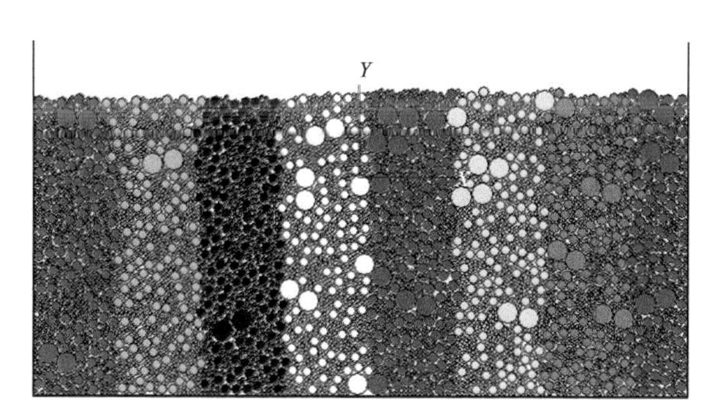

图 4.30 B1 数值试样振动后颗粒位置图（$f=0$）

由图 4.31 和图 4.32 可以看出，两种摩擦系数下，在振动过程中 B1 数值试样的孔隙比均随时间的增加而不断减小并最终趋于稳定，且不同监测圆中同种摩擦系数的混合料呈现的减小规律基本一致。

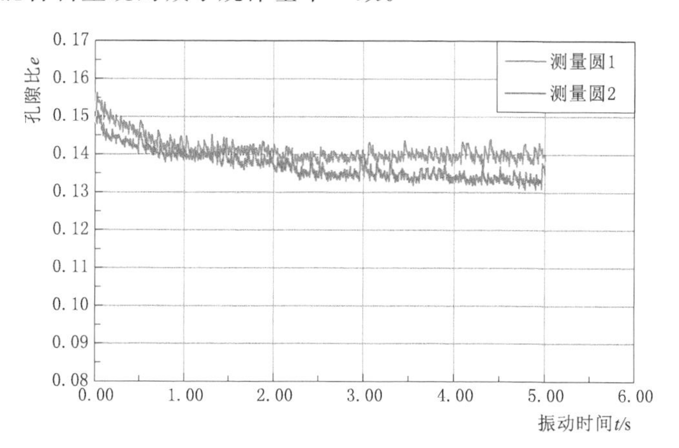

图 4.31 B1 数值试样最小孔隙比随振动时间变化监测曲线（$f=2$）

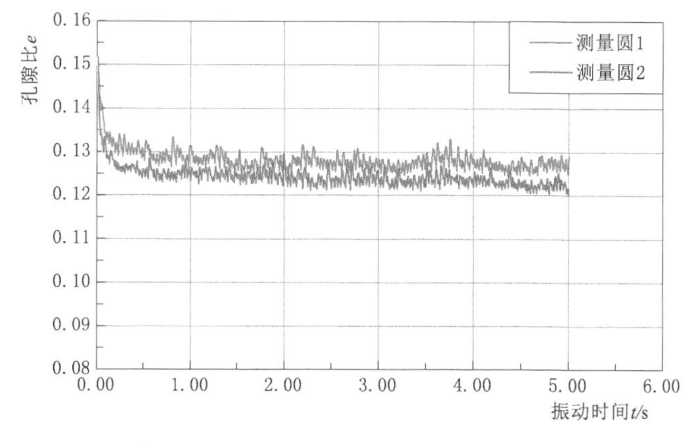

图 4.32 B1 数值试样最小孔隙比随振动时间变化监测曲线（$f=0$）

从图 4.31 中可以看出，颗粒间摩擦系数为 2 的情况下，经过 0.5s 孔隙比由 0.16 迅速降低到 0.14 附近，并逐渐趋于稳定；相比之下，颗粒间摩擦系数为 0 的理想状态下，孔隙比从 0.15 降到 0.13 仅用约 0.3s，然后趋于稳定，这是因为颗粒间摩擦系数越大，抗滑能力越强，而当摩擦系数减小，则颗粒间的抗滑能力减小，在振动作用下更容易产生位置调整，材料将更密实，两个监测圆中测得的孔隙比变化规律一致性也更好。

从图 4.33 中可以看出，B2 数值试样最大粒径进一步减小，颗粒组成更为均一，细小颗粒占了绝大多数，土石混合料的力学特性也主要由细颗粒决定，振动前自由堆积完成后，个别中等颗粒夹杂在小颗粒中间，颗粒分布较为均匀。

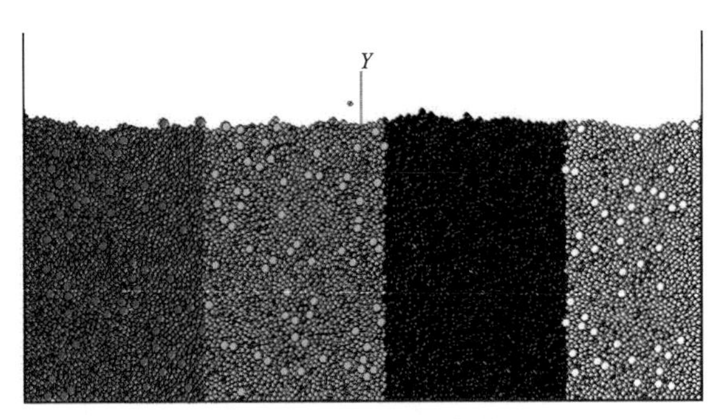

图 4.33　B2 数值试样振动前颗粒位置图（$f=2$）

对比图 4.34 和图 4.35 可以看出，B2 数值试样在振动前后颗粒位置发生的变化也较为明显，表层颗粒向下移动较为明显，且越靠近表层，颗粒向下的位移量相对越大。在振动影响下，水平方向上颗粒位置变化也相对明显，表现为细小颗粒向土体内部移动，内部孔隙进一步减小，且越靠近容器上部边缘，移动量越大。对比图 4.34 和图 4.35 还可以看出，颗粒间摩擦系数对 B2 数值试样振动效果有明显的影响，摩擦系数为 2 时，振动结束后可以看到表层不平滑；摩擦系数为 0 时，振动结束后土样表层变得比 B2 数值试样更为平滑，颗粒间相互移动更为容易。

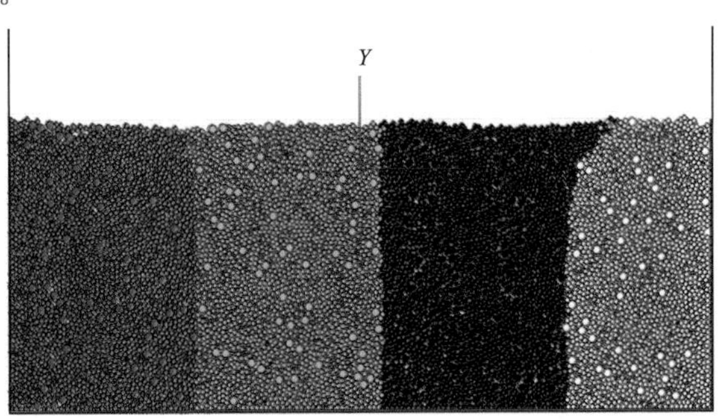

图 4.34　B2 数值试样振动后颗粒位置图（$f=2$）

由图 4.36 和图 4.37 可以看出，两种摩擦系数下，在振动过程中 B2 数值试样的孔隙比均随时间的增加而不断减小并最终趋于稳定，且不同监测圆中同种摩擦系数的混合料呈现的减小规律基本一致。

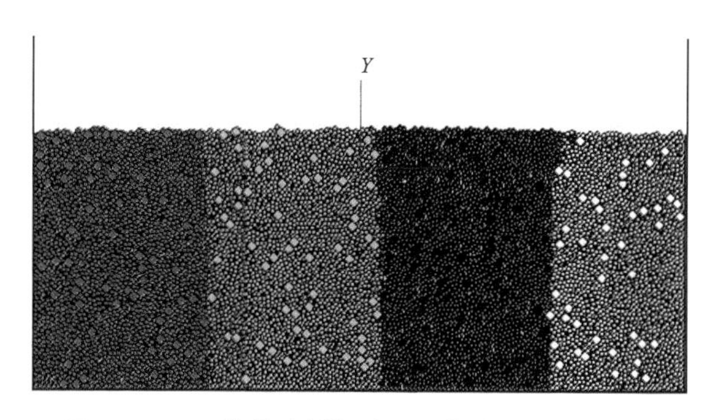

图 4.35 B2 数值试样振动后颗粒位置图（$f=0$）

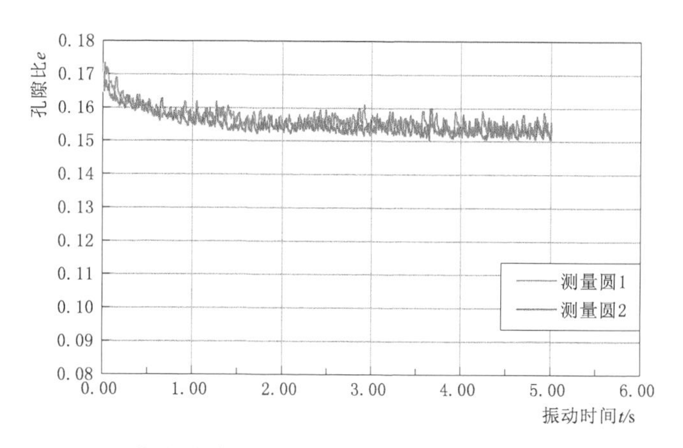

图 4.36 B2 数值试样最小孔隙比随振动时间变化监测曲线（$f=2$）

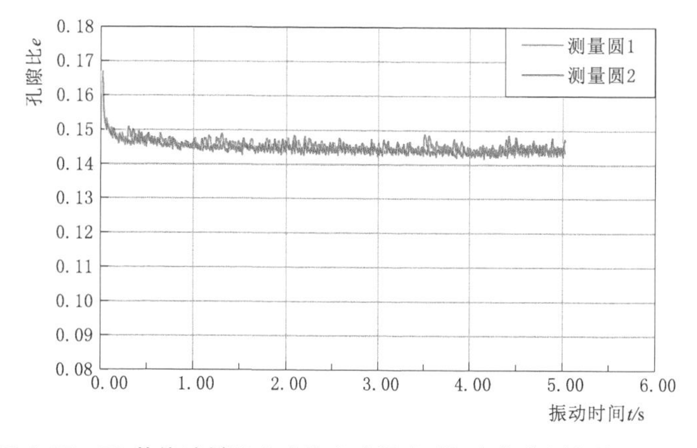

图 4.37 B2 数值试样最小孔隙比随振动时间变化监测曲线（$f=0$）

从图 4.36 中可以看出，颗粒间摩擦系数为 2 的情况下，经过 0.4s 孔隙比由 0.18 迅速降低到 0.16 附近，并逐渐趋于稳定；相比之下，图 4.37 中颗粒间摩擦系数为 0 的理想状态下，孔隙比从 0.17 降到 0.14 仅用约 0.3s，然后趋于稳定，颗粒间摩擦系数越大，抗滑能力越强，而当摩擦系数减小，则颗粒间的抗滑能力减小，在振动作用下更容易产生位置调整，材料将更密实，两个监测圆中测得的孔隙比变化规律一致性也更好。另外，由于颗粒粒径较为均一，两种摩擦系数下，不同监测圆内的孔隙比变化规律及大小基本重合。

从图 4.38 中可以看出，B3 数值试样中最大粒径比 B2 数值试样进一步减小，颗粒组成更为均一，细小颗粒占了绝大多数，土石混合料的力学特性也主要由细颗粒决定，振动前自由堆积完成后，颗粒分布较为均匀。

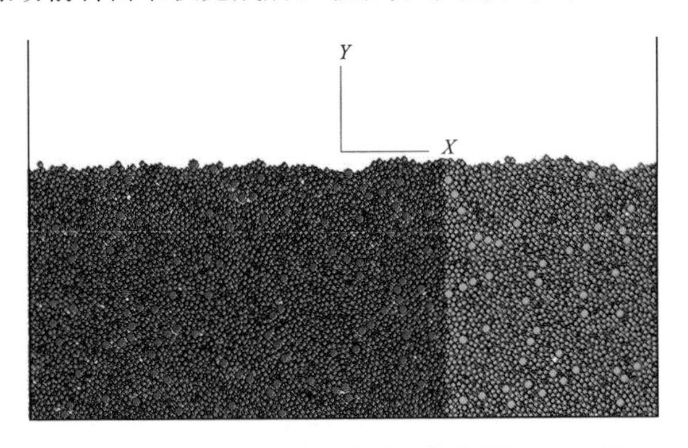

图 4.38　B3 数值试样振动前颗粒位置图（$f=2$）

对比图 4.39 和图 4.40 可以看出，B3 数值试样在振动前后颗粒位置发生的变化也较为明显，表层颗粒向下移动导致土体内部孔隙进一步减小，且越靠近表层，颗粒向下的位移量相对越大。在振动影响下，水平方向上颗粒位置变化也相对明显，且越靠近容器上部边缘，移动量越大。对比图 4.39 和图 4.40 还可以看出，颗粒间摩擦系数对 B3 数值试样振动效果有明显的影响，摩擦系数为 2

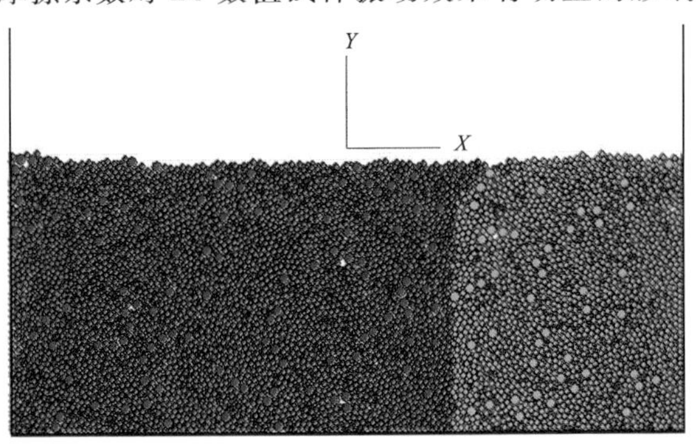

图 4.39　B3 数值试样振动后颗粒位置图（$f=2$）

时，振动结束后可以看到表层不平滑；摩擦系数为 0 时，振动结束后土样表层变得比 B2 数值试样更为平滑。

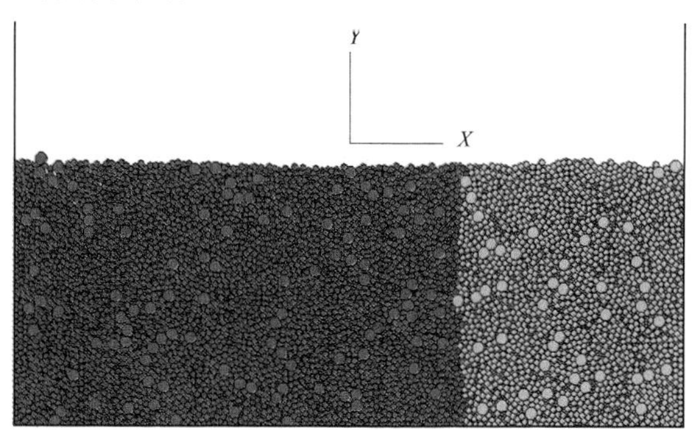

图 4.40 B3 数值试样振动后颗粒位置图（$f=0$）

由图 4.41 和图 4.42 可以看出，两种摩擦系数下，在振动过程中 B3 数值试样的孔隙比均随时间的增加而不断减小并最终趋于稳定，且不同监测圆中同种摩擦系数的混合料呈现的减小规律基本一致，曲线近乎重叠。

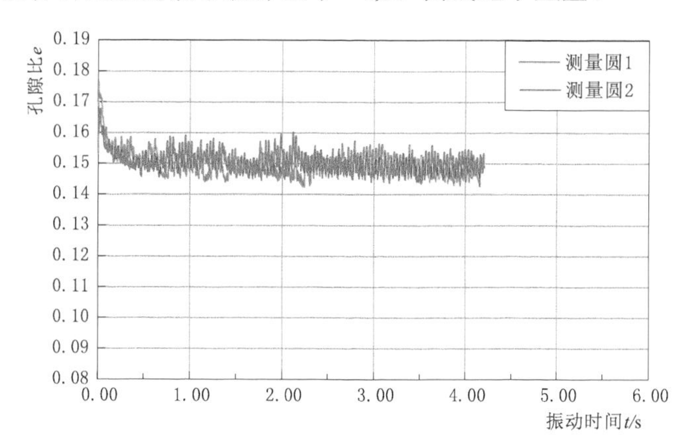

图 4.41 B3 数值试样最小孔隙比随振动时间变化监测曲线（$f=2$）

颗粒间摩擦系数为 2 的情况下（图 4.41），经过 0.3s 孔隙比由 0.18 迅速降低到 0.15 附近，并逐渐趋于稳定；相比之下，颗粒间摩擦系数为 0 的理想状态下，孔隙比从 0.16 降到 0.13 仅用约 0.2s，然后趋于稳定，颗粒间摩擦系数越大，抗滑能力越强，而当摩擦系数减小，则颗粒间的抗滑能力减小，在振动作用下更容易产生位置调整，材料将更密实，两个监测圆中测得的孔隙比变化规律一致性也更好。另外，由于颗粒粒径更为均一，两种摩擦系数下，不同监测圆内的孔隙比变化规律及大小基本重合。

从图 4.43 中可以看出，C1 数值试样以细颗粒为主体，粗颗粒夹杂其间，起骨架作用的主要为细粒料。对比图 4.43～图 4.45，可以看出 C1 数值试样在振动前后颗粒位置发生了较大变化，表层大颗粒明显向下发生了移动，且越靠近

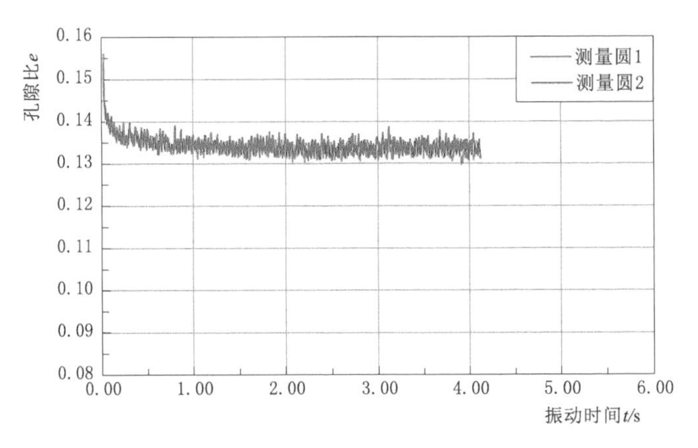

图 4.42　B3 数值试样最小孔隙比随振动时间变化监测曲线（$f=0$）

图 4.43　C1 数值试样振动前颗粒位置图（$f=2$）

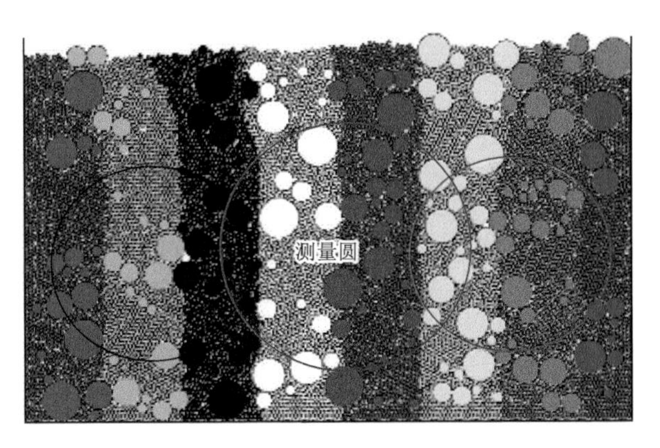

图 4.44　C1 数值试样振动后颗粒位置图（$f=2$）

表层，颗粒向下的位移量越大。在水平振动的影响下，水平方向上颗粒位置也发生了明显变化，表现为大颗粒也向土体内部移动，越靠近容器边缘，移动量也越大。对比图 4.44 和图 4.45 还可以看出，颗粒间摩擦系数对振动效果有明显的影响，摩擦系数为 2 时，振动结束后表层可以看到部分大粒径颗粒，表层不平滑；摩擦系数为 0 时，振动结束后土样表层变得基本平滑，振动过程中若没有摩擦力，颗粒间相互移动更容易。

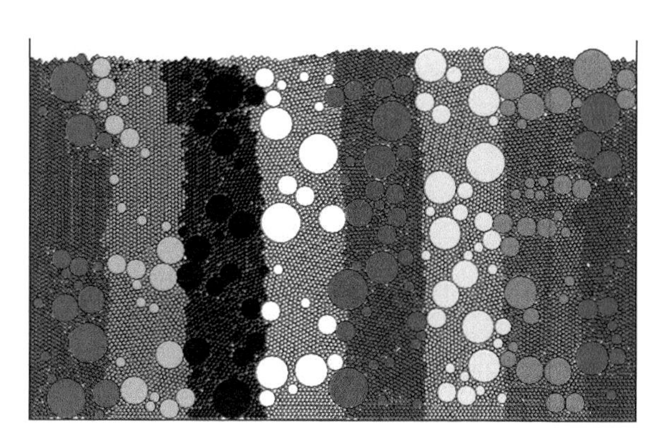

图 4.45 C1 数值试样振动后颗粒位置图（$f=0$）

由图 4.46 和图 4.47 可以看出，在振动作用下，两种摩擦系数下，缺失中间粒径的土石混合料的孔隙比均随时间的增加而不断减小并最终趋于稳定，且不同监测圆中同种摩擦系数的混合料呈现的减小规律基本一致。

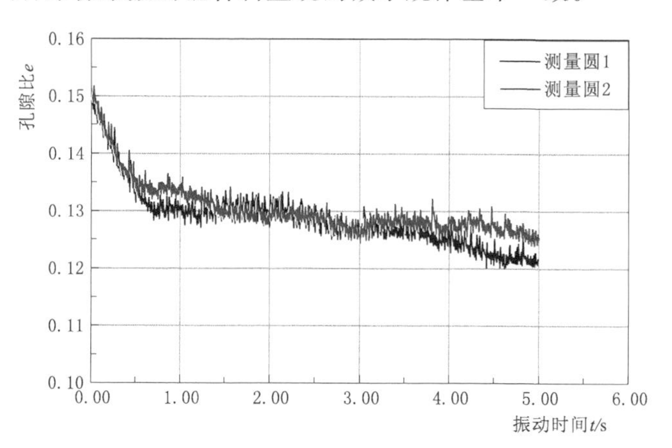

图 4.46 C1 数值试样最小孔隙比随振动时间变化监测曲线（$f=2$）

从图 4.46 中可以看出，颗粒间摩擦系数为 2 的情况下，经过 0.7s 孔隙比由 0.15 迅速降低到 0.13 附近，并逐渐趋于稳定；相比之下，理想颗粒间摩擦系数

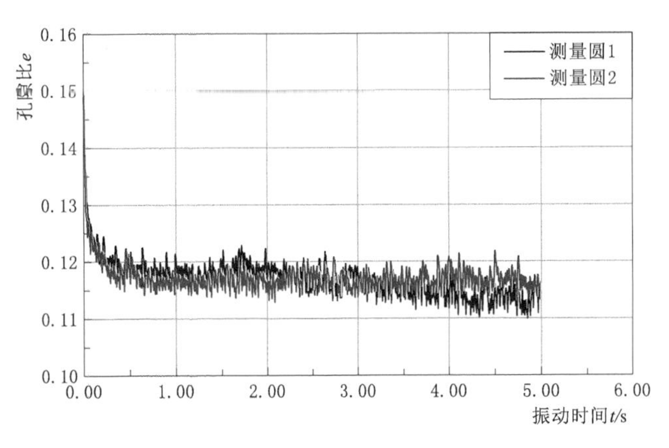

图 4.47　C1 数值试样孔隙比随振动时间变化监测曲线（f=0）

为 0 的理想状态下，孔隙比从 0.15 降到 0.13 仅用约 0.3s，然后趋于稳定，这是由于颗粒间摩擦系数越大，颗粒间的抗滑能力越强，而当摩擦系数减小，则颗粒间的抗滑能力减小，在振动作用下更容易产生位置调整，材料将更密实，两个监测圆中测得的孔隙比变化规律一致性也更好。

从图 4.48 中可以看出，随着粗颗粒含量的进一步增加，C2 数值试样由 C1 数值试样中的细颗粒为主体变成粗细颗粒共同构成主体，细颗粒填充在粗颗粒中间。

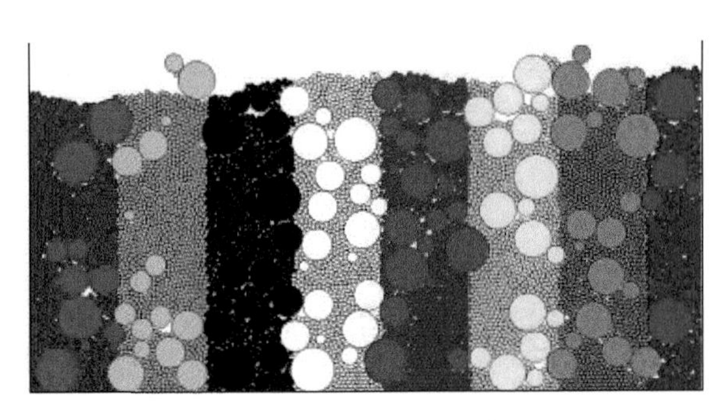

图 4.48　C2 数值试样振动前颗粒位置图（f=2）

对比图 4.48～图 4.50 可以看出，C2 数值试样在振动前后颗粒位置发生变化较小，表层大颗粒也向下发生了移动，同样表现出越靠近表层颗粒向下的位移量越大的趋势。在水平振动的影响下，水平方向上颗粒位置也发生了变化，表现为大颗粒也向土体内部移动，越靠近容器边缘，移动量也越大。但受粗颗粒含量的增加，位移量没有 C1 数值试样明显。还可以看出，颗粒间摩擦系数对粗细颗粒含量相当的 C2 数值试样振动效果也有明显影响，摩擦系数为 2 时，振动结束后表层可以看到部分大粒径颗粒，表层不平滑；摩擦系数为 0 时，振动结束后土样表层变得基本平滑，说明振动过程中没有摩擦力，颗粒间移动更为容易。

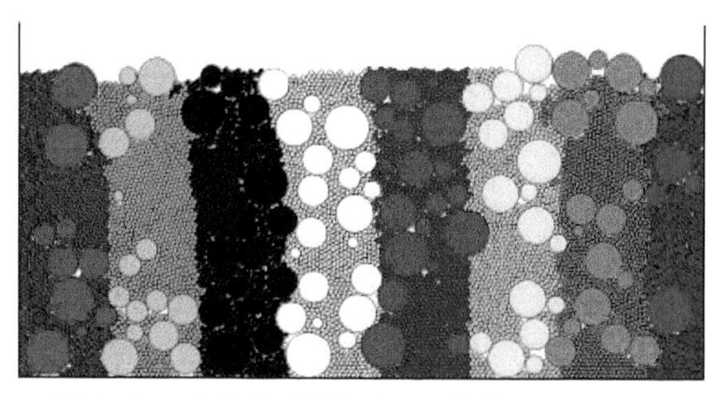

图 4.49 C2 数值试样振动后颗粒位置图（$f=2$）

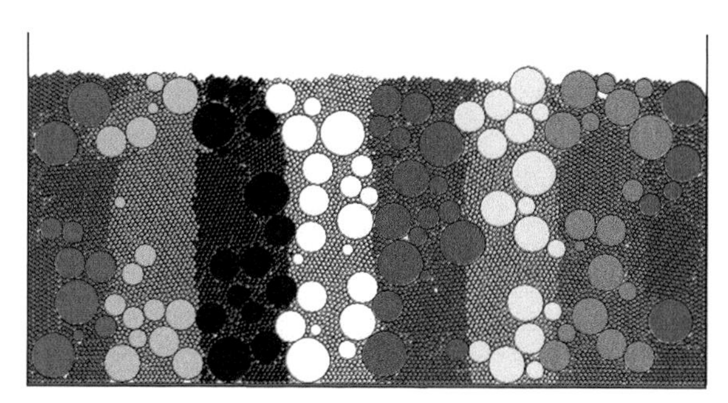

图 4.50 C2 数值试样振动后颗粒位置图（$f=0$）

由图 4.51 和图 4.52 可以看出，在振动过程中，颗粒间摩擦系数不同，C2 数值试样孔隙比均随时间的增加而不断减小并最终趋于稳定。但受颗粒随机生成的影响，与 C1 数值试样相比较，不同监测圆中同种摩擦系数混合料呈现的减小规律并不完全一致。

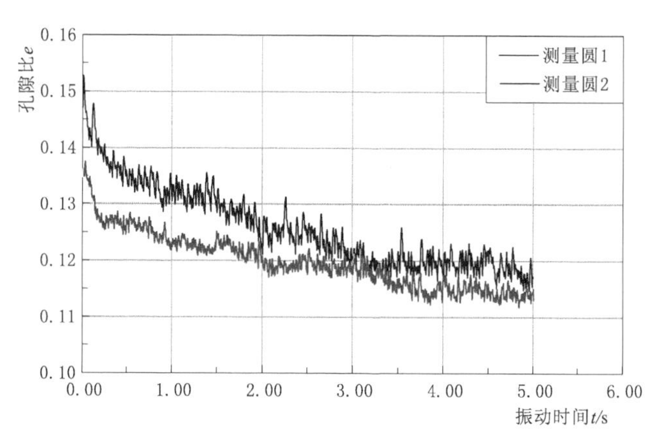

图 4.51 C2 数值试样孔隙比随振动时间变化监测曲线（$f=2$）

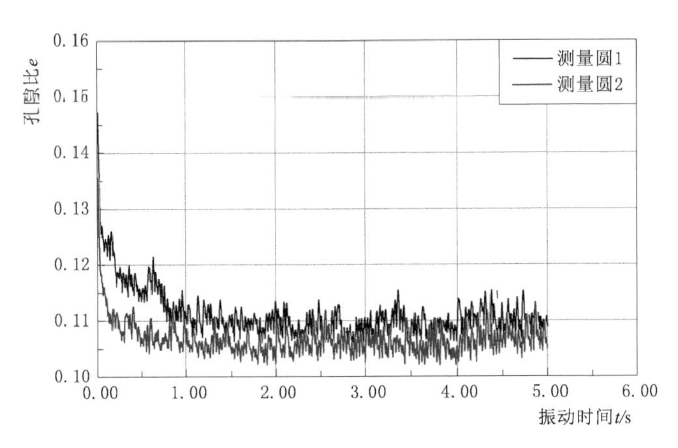

图 4.52　C2 数值试样孔隙比随振动时间变化监测曲线（$f=0$）

从图 4.51 中可以看出，颗粒间摩擦系数为 2 的情况下，左侧监测圆范围内的混合料经过 3.3s 孔隙比由 0.15 迅速降低到 0.12，右侧监测圆仅用 2s 降低到 0.12，然后颗粒调整到另一种稳定状态，两处孔隙比和配位数最终趋于稳定；相比之下，理想颗粒间摩擦系数为 0 的理想状态下（图 4.52），孔隙比从 0.15 降到 0.107 仅用约 0.5s，然后趋于稳定，两个监测圆中测得的孔隙比变化规律一致性更好。

从图 4.53 中可以看出，随着粗颗粒含量的进一步增加，C3 数值试样变成粗颗粒构成主体，细颗粒填充在粗颗粒中间，土石混合料的骨架为粗颗粒。对比图 4.53～图 4.55 可以看出，C3 数值试样在振动前后颗粒位置发生变化也较小，表层大颗粒也向下发生了移动，同样表现出越靠近表层颗粒向下的位移量越大的趋势，且粗颗粒间的细颗粒在振动中填充的更为密实。在水平振动的影响下，水平方向上颗粒位置也发生了变化，表现为大颗粒也向土体内部移动，越靠近

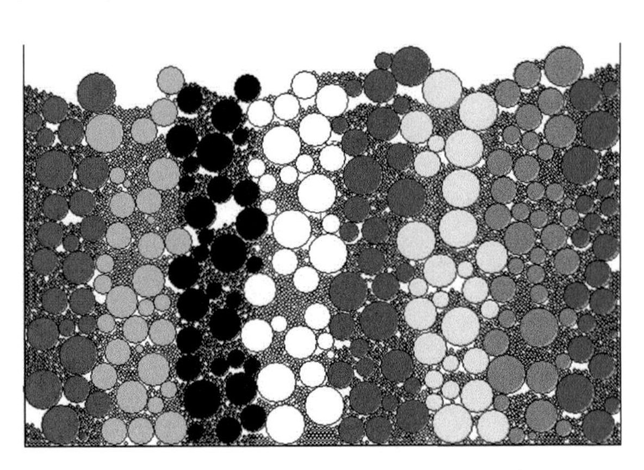

图 4.53　C3 数值试样振动前颗粒位置图（$f=2$）

容器边缘，移动量也越大，但受粗颗粒含量进一步增加的影响，位移量没有C1数值试样和C2数值试样明显。对比还可以看出，颗粒间摩擦系数对粗颗粒含量较高的C3数值试样振动效果也有明显影响，摩擦系数为2时，振动结束后表层可以看到部分大粒径颗粒，表层不平滑；摩擦系数为0时，振动结束后土样表层变得平滑，颗粒间移动更为容易。

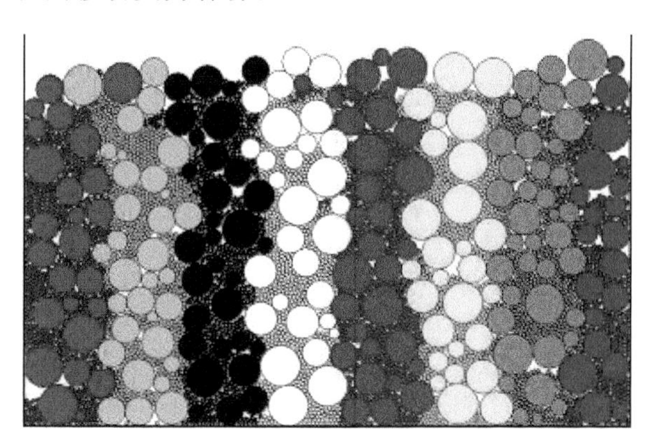

图4.54 C3数值试样振动后颗粒位置图（$f=2$）

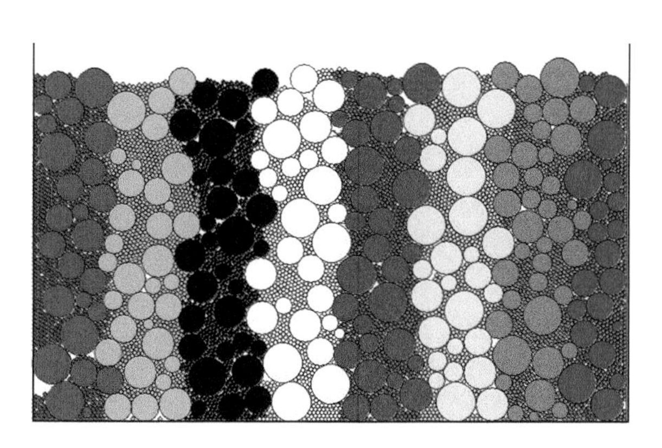

图4.55 3数值试样振动后颗粒位置图（$f=0$）

由图4.56和图4.57可以看出，尽管颗粒间摩擦系数不同，在振动作用下土石混合料孔隙比均随时间的增加而不断减小并最终趋于稳定。由于粗颗粒含量较高，不同监测圆中同种摩擦系数混合料呈现的减小规律与较为一致，这点与C1数值试样类似。从图4.56中可以看出，颗粒间摩擦系数为2的情况下，监测圆范围内的混合料经过0.5s孔隙比由0.15迅速降低到0.11，然后颗粒调整到另一种稳定状态，两处孔隙比和配位数最终趋于稳定；相比之下，理想颗粒间摩擦系数为0的理想状态下，孔隙比从0.15降到0.1用时约0.5s，然后趋于稳定，且两个监测圆中测得的孔隙比变化规律一致性更好。

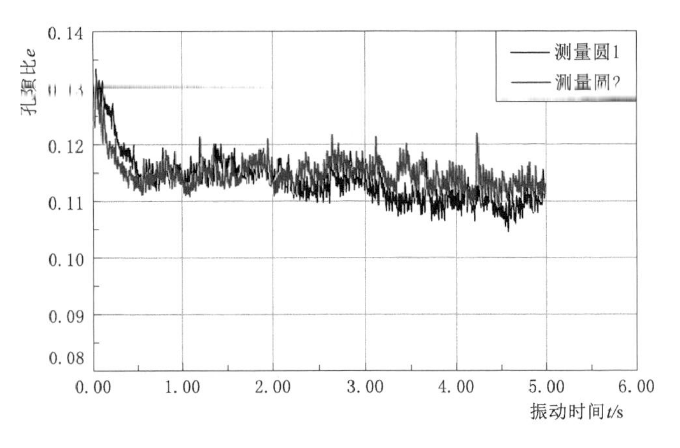

图 4.56　C3 数值试样孔隙比随振动时间变化监测曲线（$f=2$）

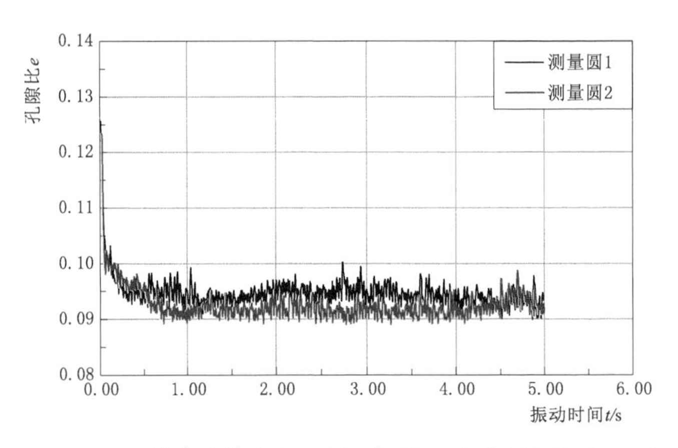

图 4.57　C3 数值试样孔隙比随振动时间变化监测曲线（$f=0$）

最小孔隙比仿真试验模拟结果见表 4.11，颗粒间摩擦系数 $f=2$ 的情况下，A、B1～B3 及 C1～C3 数值试样最小孔隙比依次为 0.14524、0.16060、0.16364、0.17212、0.14348、0.13034 和 0.13076，配位数依次为 3.2061、3.1969、3.1604、3.2014、3.2212、3.2105 和 3.1811。颗粒间摩擦系数 $f=0$ 的理想情况下，C1～C3 数值试样最小孔隙比及配位数均比 $f=2$ 的情况下相应降低。

对比可以看出，在振动作用下土石混合料均表现出复杂的力学响应。振动过程中，各试样最小孔隙比表现为先急剧减小，后逐渐趋于稳定。各级配土石混合料振动前后颗粒位置对比表明，在振动过程中，试样表层大颗粒明显向下发生了移动，且越靠近表层，颗粒向下的位移量越大，水平方向上大颗粒也发生向土体内部移动的现象，且越靠近容器边缘，移动量越大，且移动位移量随 C1～C3 数值试样 P_5 含量增加及 B1～B3 试样粒径减小呈减小趋势。

表 4.11 最小孔隙比数值模拟试验结果统计

数值试样	颗粒间摩擦系数 $f=2$		颗粒间摩擦系数 $f=0$	
	最小孔隙比 e_{min}	配位数 C_n	最小孔隙比 e_{min}	配位数 C_n
A	0.14524	3.2061	0.12092	3.9536
B1	0.16060	3.1969	0.14522	3.9727
B2	0.16364	3.1604	0.14958	3.9799
B3	0.17212	3.2014	0.15430	3.9715
C1	0.14348	3.2212	0.12838	4.2950
C2	0.13034	3.2105	0.11598	4.3071
C3	0.13076	3.1811	0.09928	3.8476

振动结束后，A数值试样最小孔隙比小于B数值试样及C1数值试样，也与C2和C3数值试样最小孔隙比接近，说明级配良好的土石混合料更易获得较高密实度。粒径较为均一的B数值试样，最小孔隙比均较为接近，粒径逐渐减小，配位数也逐渐降低。相同模拟条件下，C数值试样最小孔隙比和配位数在数值上有较大差别，均随 P_5 含量增大而减小。对于粒径缺失的C数值试样，C1数值试样由于含石量最少而最小孔隙比最大，试样最松散；小颗粒含量高，每个大颗粒周围接触的小颗粒数目较多，配位数最大。C2和C3数值试样最大孔隙比与A数值试样较为接近，A数值试样最小孔隙比还略小，说明缺失中间粒径的土石混合料无论自由堆积还是振动密实均可获得相对较高的密实度。

颗粒间摩擦系数对最小孔隙比及配位数有重要影响，振动压实过程中摩擦系数减小，则相同级配土石料的孔隙比也相应减小，C1～C3数值试样减小幅度随 P_5 含量增加而增大，颗粒平均配位数随摩擦系数减小而增大。

对比最小孔隙比试验中孔隙比随振动时间变化监测曲线可以看出，尽管模拟中土石混合料颗粒均为随机生成，振动时间相同，相同摩擦系数情况下下各土料最小孔隙比达到稳定所需的时间并不相同，C3数值试样达到稳定（孔隙比最小或曲线水平）所需的时间最短，说明振动试验中级配对土石混合料的最小孔隙比有重要影响，相同情况下，不同级配的土石混合料达到最小孔隙比即最密实状态所需要的时间并不相同。

4.5 颗分曲线和孔隙比关系探讨

本章以试验室量测土样最大和最小孔隙比的试验步骤为基础，建立土石混合料数值试样在不同物理状态下的最大和最小孔隙比数值计算方法，获得了不同物理状态下孔隙比的分布规律。各典型级配土石混合料的自由堆积和振动密实仿真试验模拟结果表明，相同模拟条件下，材料粒组组成对最大孔隙比和最小孔隙比均有重要影响，这里对土石混合料颗分曲线与孔隙比的关系探讨如下：

（1）对于级配良好的 A 数值试样，在自由堆积和振动密实过程中，粗细颗粒互相紧密接触、填充密实，较易获得较高密实度和稳定的土体骨架。相同情况下，良好级配土石混合料的最大和最小孔隙比均接近最小。

（2）对于 B 数值试样，由于粒径范围相对较小，粒径较为均一，小颗粒的含量不足以填充大颗粒之间的孔隙，土体骨架也基本由粒径均一的颗粒组成，计算得到的最大孔隙比和最小孔隙比均较为接近。

（3）对于粒径缺失的 C 数值试样，C1 数值试样中粗颗粒含量较低，悬浮于含量较高的细颗粒当中，最大和最小孔隙比在 C 数值试样中最大，试样也最松散；随着大颗粒数目的增加、小颗粒数目的减少，试样的最大和最小孔隙比逐渐减小。粗颗粒含量最高的 C3 数值试样，颗粒组成类似于细颗粒填充在粗颗粒构成对的骨架间隙中，单个粗颗粒可以看作没有孔隙的细颗粒集合体，材料也更容易密实，C2 和 C3 数值试样最大孔隙比与 A 数值试样较为接近，不考虑颗粒之间的摩擦情况下，C3 数值试样最小孔隙比甚至达到 0.1，说明文中缺失中间粒径的土石混合料无论自由堆积还是振动密实均可获得相对较高的密实度和较小的孔隙比。

第5章 土石混合料直剪试验开缝宽度试验研究

直剪试验由于操作简单直观、试验费用低、便于获得抗剪强度参数而在工程设计和施工中得到了广泛应用，是确定土石混合料抗剪强度指标最为有效的方法之一（Liu，2009）。研究表明（郭庆国，1998；Kim，2012），剪切盒开缝过大会导致剪切区侧限作用过小、试样挤出，导致有效剪切面积减小；开缝过小则不能消除约束的影响，致使试验结果数值偏大，上下剪切盒之间的开缝宽度直接影响着土石混合料的试验结果，为了让试验结果更接近实际，合理确定开缝宽度以保证土料颗粒在剪切破坏中不受剪切盒的约束而能较自由地移动（郭庆国，1998）就成了土石混合料直剪试验中必须面对的关键问题。

与土石混合料直剪试验的广泛应用相比，剪切盒之间的合理开缝宽度研究相对滞后，严重制约着直剪试验的应用。土石混合料普遍可选性差、种类多、成分复杂，结构分布不规则，具有强烈的非均质性。此外，不同尺度土石混合料粒组的组成比例不同，承受自身重力及外力荷载时土体骨架的组成也就不同，进而对土石填筑体的宏观物理力学特性产生明显影响。尤其对机场高填方工程中经常遇到的缺径土石混合料，开展直剪试验中合理开缝宽度研究以深入了解其剪切特性对高填方稳定有着更为重要的意义，是高填方工程设计和施工中的一个亟待解决的关键技术问题。

本章利用承德机场高填方一区现场取回的典型土石混合填筑料，考虑现场粗细颗粒集中程度，按不同粒组重新混合配制成三种典型缺失中间粒径试验土样，深入分析不同开缝宽度下各级配土石混合料变形与强度变化规律和内在机理。结合 PFC^{2D} 离散元程序，针对 C3 土石混合料试样开展剪切试验的颗粒流数值模拟，控制模拟流程与室内试验相同，分别取最小 5mm 和最大 30mm 的两种开缝宽度，取相同的 100kPa 法向压力，选直剪过程中峰前、峰值、峰后和残余等 4 个阶段对上述开缝宽度的试样剪切受力情况进行细观仿真分析。通过对比数值模拟与室内试验结果，分析不同开缝宽度对典型缺失中间粒径土石料抗剪强度的影响。在此基础上，对比相同级配和相对密度下的大型直剪和三轴压缩试验结果，探讨了典型缺失中间粒径土石混合料的直剪试验合理开缝宽度。

5.1　开缝宽度问题的提出

由于机场多建设在地形地貌复杂的山区，工程中经常遇到粒径相差悬殊的缺失中间粒径土石混合料（图5.1），缺失中间粒径的C类土石料属于不良级配土石料的一种（Craig，1978），可定义为土石混合料中存在大粒径颗粒和小粒径颗粒，但中间粒径的颗粒比例相对较低（Terzaghi，1948；Earth Manual，1956），颗粒粒径对土的力学特性非常重要，是土的物理属性的重要表征（Robinson，1959），大颗粒与细小颗粒的相对集中程度及所占比例直接影响着剪切破坏过程中颗粒的咬合和嵌入，进而对土石料的抗剪强度产生重要影响（Vallejo，2000）。

图5.1　高填方机场缺失中间粒径的土石混合料

基于此，本章结合颗粒流数值模拟，通过直剪与三轴压缩试验的结果对比来探讨C类缺失中间粒径土石混合料的直剪试验合理开缝宽度。

5.2　试验方案设计

5.2.1　试验设备选择

直剪试验采用美国GeoComp公司生产的ShearTrac-Ⅲ型大型直剪仪（图5.2），直剪盒边长305mm，高200mm，能够在0～50mm之间灵活调节上下剪切盒之间的开缝宽度（图5.3）。相同级配各试样的直剪试验结果验证采用三轴

图5.2　ShearTrac-Ⅲ型大型直剪仪

图5.3　直剪仪开缝宽度调节装置

固结排水剪试验，仪器为美国 GeoComp 公司生产的中型三轴仪（LoadTrac -Ⅱ型，见图 5.4），试样直径 101mm，高度 200mm。

5.2.2 颗分曲线设计

图 5.4 LoadTrac－Ⅱ中型三轴仪

为了解直剪试验开缝宽度对不同形态缺径颗分曲线抗剪强度的影响，与第 4 章类似，在进行 PFC[2D] 仿真模拟时，以承德机场高填方土石混合填筑料为基础，按不同粒组重新混合，配制成 3 条 C 类缺失中间粒径的不连续颗分曲线。试验土样的颗分曲线见图 5.5，混合料的具体组成见图 5.6～图 5.8，最大粒径为 20mm。为便于对比分析，控制直剪和三轴压缩试验中各试样的级配和相对密度一致，具体土样控制参数见表 5.1。

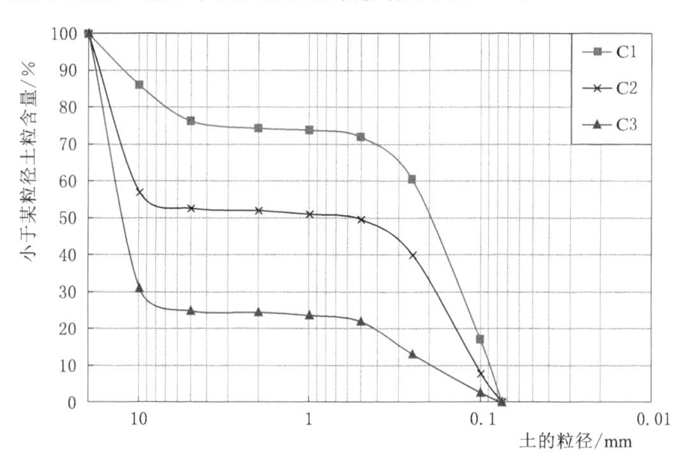

图 5.5 缺失中间粒径土石混合料颗分曲线

图 5.6 C1 试样情况

图 5.7 C2 试样情况

表5.1 典型缺失中间粒径试验土样参数表

试验土样	相对密度 D_r	干密度/(g/cm³)	$\rho_{d\max}$/(g/cm³)	$\rho_{d\min}$/(g/cm³)	$d_{\max}$/mm	C_u	C_c
C1	0.6	1.47	1.59	1.32	20	2.08	0.85
C2	0.6	1.78	1.92	1.60	20	100	0.026
C3	0.6	1.77	1.94	1.57	20	78.9	33.7

图5.8 C3试样情况

直剪试验按100kPa、200kPa、300kPa和400kPa分级施加垂直压力，试验开始前，施加垂直压力进行压密固结，单向剪切，速率为0.8mm/min，剪切位移为60mm；三轴压缩试验的围压为100kPa、200kPa、300kPa和400kPa，剪切速率为0.06%，轴向应变为18%。

从图5.6～图5.8中可以看出，三种缺失中间粒径的土石混合料中碎石呈棱角或次棱角状，随着P_5含量增加其土体结构存在明显差异，C1土石混合料试样表现为碎石悬浮于混合料中，C3土石混合料试样表现为土体部分填充于碎石构成的骨架间隙中，C2土石混合料试样介乎两者中间，由于不含细粒组（$d\leqslant 0.075$mm），三种土石料装样中均表现出了明显的结构松散。

5.3 不同开缝宽度下直剪试验及PFC^{2D}模拟

为对比不同开缝宽度下，缺失中间粒径土石混合料的抗剪强度差异，开展了5mm、6.5mm、10mm、15mm、20mm、25mm及30mm等开缝宽度下P_5较高的C3土石混合料试样的室内大直剪试验。由于土料中最大粒径为20mm、5mm及6.5mm的开缝宽度为《土工试验方法标准》（GB/T 50123—2019）中对粗颗粒土直剪试验推荐的最大和最小开缝尺寸，即$1/3d_{\max}$～$1/4d_{\max}$。

5.3.1 不同开缝宽度下直剪试验结果分析

从图5.9～图5.15直剪试验结果中可以看出，不同的开缝宽度对C3土石混合料试样的抗剪强度有明显影响，相同法向压力下，抗剪峰值强度表现为随着开缝宽度的增大而减小。如同样为100kPa法向压力，5mm开缝宽度的峰值抗剪强度为267.6kPa，10mm开缝宽度的峰值抗剪强度为146.3kPa，30mm开缝宽度的峰值抗剪强度降为96.84kPa。

图 5.16 为同等条件下，5mm、6.5mm、10mm、15mm、20mm、25mm 及 30mm 等开缝宽度下 C3 土石混合料试样的抗剪强度包络线，对比可以看出，开

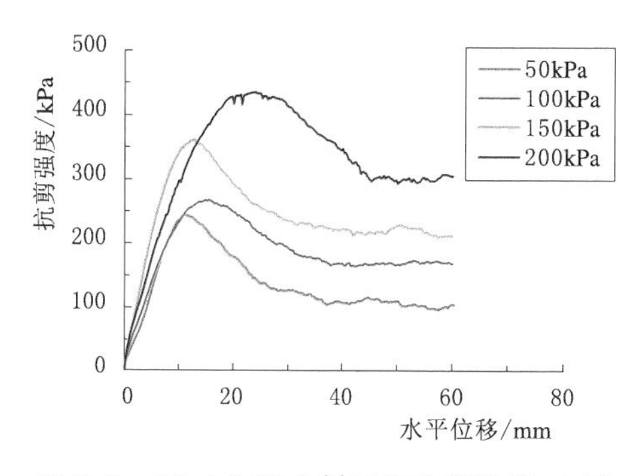

图 5.9　C3 土石混合料试样抗剪强度-水平位移关系曲线（缝宽 5mm）

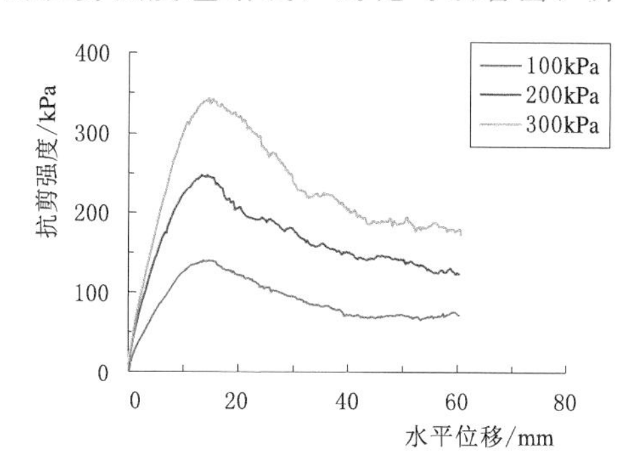

图 5.10　C3 土石混合料试样抗剪强度-水平位移关系曲线（缝宽 6.5mm）

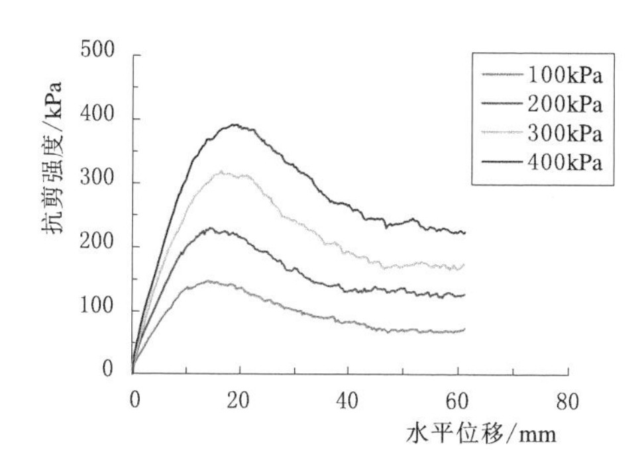

图 5.11　C3 土石混合料试样抗剪强度-水平位移关系曲线（缝宽 10mm）

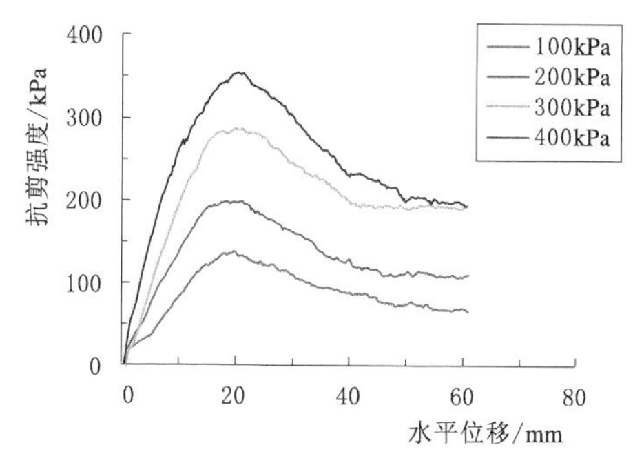

图 5.12　C3 土石混合料试样抗剪强度-水平位移关系曲线（缝宽 15mm）

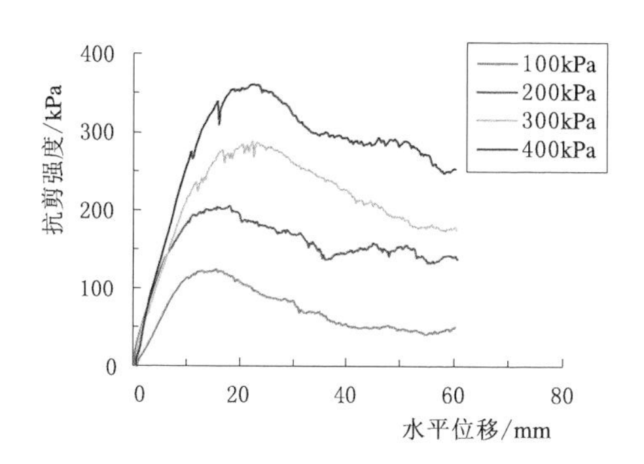

图 5.13　C3 土石混合料试样抗剪强度-水平位移关系曲线（缝宽 20mm）

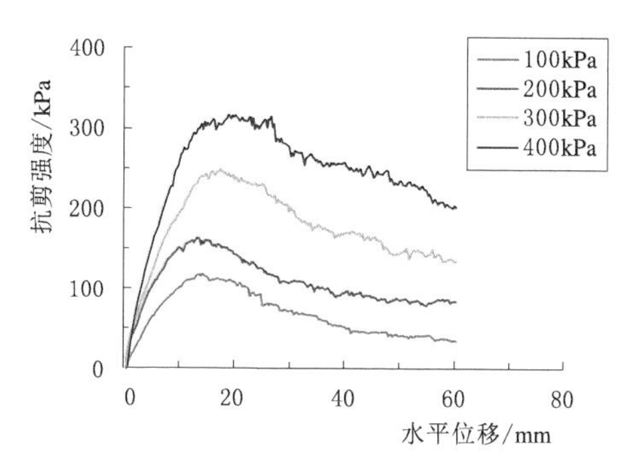

图 5.14　C3 土石混合料试样抗剪强度-水平位移关系曲线（缝宽 25mm）

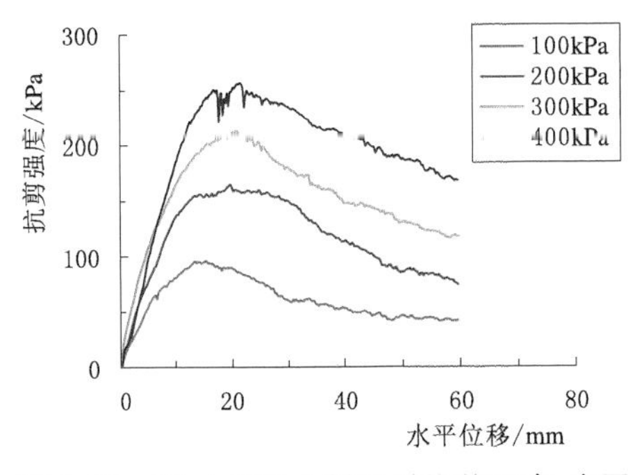

图5.15　C3土石混合料试样抗剪强度-水平位移关系曲线（缝宽30mm）

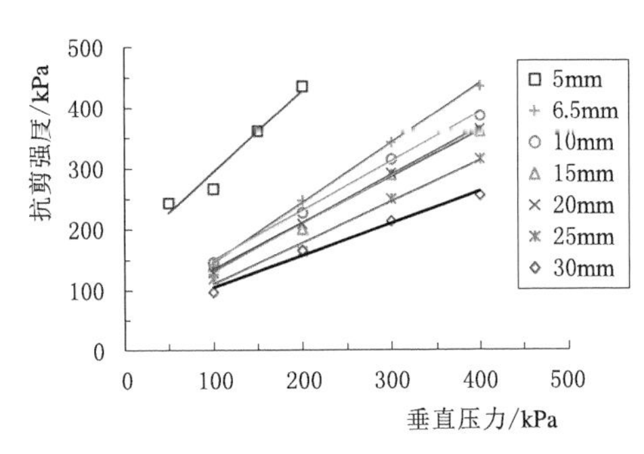

图5.16　C3土石混合料试样抗剪强度-垂直压力关系曲线

缝越小则强度包络线越靠上。表5.2为直剪试验结果统计，可以看出C3土石混合料试样开缝宽度为5mm，直剪试验得到的内摩擦角为53.3°，黏聚力为160kPa；开缝宽度为30mm，则内摩擦角降低为27.8°，黏聚力降为51.3kPa，内摩擦角和黏聚力基本都随着开缝宽度的增大而减小。

表5.2　C3土石混合料试样不同开缝宽度抗剪强度指标对比

开缝宽度/mm	内摩擦角/(°)	黏聚力/kPa	开缝宽度/mm	内摩擦角/(°)	黏聚力/kPa
5	53.3	160.0	20	38.3	51.5
6.5	45.5	40.8	25	34.1	43.3
10	39.1	66.5	30	27.8	51.3
15	37.0	59.5			

此外，以不同缝宽条件下的各土样摩擦角与最小摩擦角的比值为纵坐标，以缝宽为横坐标（见图5.17），统计三种类型土石混合料的直剪试验结果，对比

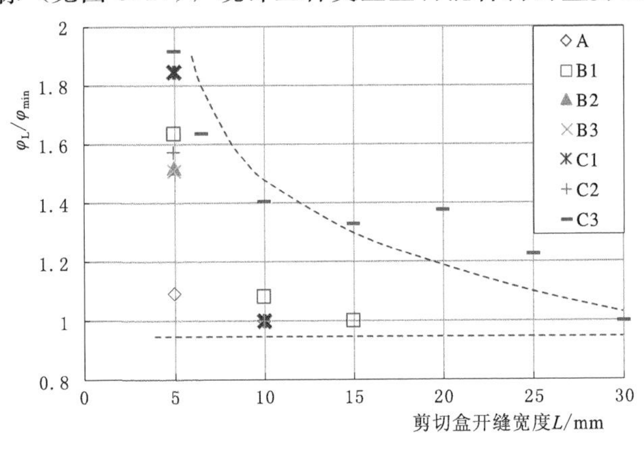

图5.17　土石混合料最大与最小内摩擦角比值与相应开缝宽度统计图

最大与最小内摩擦角比值与相应开缝宽度可以看出，土石混合料的内摩擦角基本都显示出随开缝宽度的增大而减小的规律，最终 φ_L/φ_{min} 趋近于 1。这说明剪切盒的开缝宽度对试验结果有重要影响，直剪试验中应结合土石混合料本身级配的具体情况来合理确定剪切盒间的开缝宽度。

5.3.2 不同开缝宽度下 PFC^{2D} 直剪试验模拟分析

从微观角度看，土石混合料可视为刚性散粒体，颗粒之间相互嵌挤、摩擦，影响着骨架结构的传力，进而影响混合料抗剪强度（黄晚清等，2007）。为进一步分析不同开缝宽度下，缺失中间粒径的不良级配土石料在直剪过程中的变形与强度变化规律，深入探讨缺失中间粒径土石混合料骨架结构中力传递路径、强度形成机理及混合料变形与破坏机制，利用离散元程序针对 C3 土石混合料试样开展剪切试验的颗粒流数值模拟，模拟流程与室内试验相同，分别考虑最小 5mm 和最大 30 mm 的两种开缝宽度，统一取法向压力为 100kPa，选直剪过程中峰前、峰值、峰后和残余等 4 个阶段对上述开缝宽度的试样剪切受力情况进行细观仿真分析。

由于颗粒流离散单元材料属性与模型宏观物理力学特性之间存在着很多呈非线性关系的因素，各因素之间的相互影响也较明显（周杰，2011）。数值模拟输入的是颗粒细观参数，如颗粒数量、摩擦系数、切向刚度、法向刚度等，细观参数的选择与实际颗粒的接触特征尽量保持一致，具体如下。

（1）剪切盒。数值剪切盒的尺寸与试验室完全相同，其中上盒由墙体 1、2、3、7、9 和 10 组成，剪切前，删除墙体 9 和 10，以模拟不同的开口，分 4 层压实。剪切模拟过程中，用伺服加载机制，保持设定法向压力恒定，缓慢推动上盒右移，实现对数值试样的剪切（图 5.18）。取墙体的摩擦系数为 0，即认为试验中剪切盒是光滑的。

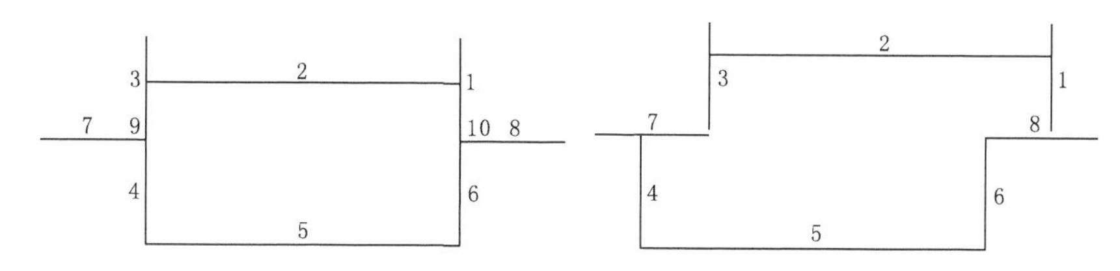

图 5.18 细观模拟剪切盒组成

（2）颗粒数量。颗粒数量影响着数值模拟的计算速度与精度，数量太少，模拟结果会出现很大误差，难以反映真实的情况，颗粒数量过多又会直接影响计算速度。因此，剪切模拟中保持试样大颗粒粒径与物理试样一致，对 2mm 以下小颗粒用粒径为 1.5mm 的数值颗粒代替。根据试验室试样颗粒的颗分曲线，计算二维数值试样中每组颗粒的面积，进而确定每组颗粒数量。表5.3为直剪试验中C3数值试样颗粒形状及其分布。

表5.3　　直剪试验中C3数值试样颗粒形状及其分布

数值试验粒径/mm	20	17	14	10	5	1.5
颗粒形状	○	○○	○○	○○	○	○
颗粒分布	35	40	36	19	9	3810

(3) 摩擦系数。砂土/砾石颗粒之间的摩擦系数物理值在0.7左右，但室内试验中的砂土/砾石处于三维应力状态，数值模拟简化为二维分析，数值模型空间维数减小，导致颗粒间的约束减小。经调试，数值模拟取颗粒间摩擦系数为2，通过增大摩擦系数的方法考虑减维的影响。

(4) 接触刚度。离散单元程序中不能直接给出接触刚度值，而是通过定义颗粒和墙体的刚度（法向刚度 k_n 和切向刚度 k_s），再根据一定的接触模型求得法向接触刚度 K^n 和切向接触刚度 k^s。接触刚度模型可以是线性的，也可以采用非线性的Hertz－Mindlin模型。

线性刚度接触模型参数包括：颗粒的法向刚度 k_n^b 和切线刚度 k_s^b、墙体的法向刚度 k_n^w 和切线刚度 k_s^w。墙体单元作为模型的边界，墙体参数对模拟结果影响不大，只要保证试样内的颗粒不会因为颗粒-墙体接触力过大而“穿越”墙体即可。

模拟中取墙体刚度与颗粒刚度相同，即 $k_n^b = k_s^b = k_n^w = k_s^w = 8\times10^7$ N/m。

PFC^{2D} 中力链指的是在重力或荷载作用下，颗粒物质内部形成的网状准直线型结构，是颗粒物质内部力的传递路径，岩土工程和颗粒物质力学多基于力链的概念来定性解释粗颗粒土的宏观力学响应（周杰，2011）。辛海丽等(2009)以二维颗粒体系的单剪数值模拟试验中指出强力链变形反映了颗粒间接触变形、体系弹性性能的情况，接触网络（力链）的演变则反映了颗粒体系的塑性变化。孙其诚等（2009）基于单轴侧限压缩数值试验结果，通过对比土体颗粒骨架与力链结构的关系，指出强力链决定颗粒体系的宏观力学行为，定义强力链为接触力阈值 F_c 大于等于颗粒体系内平均接触力 $\langle F \rangle$ 的力链。本节按孙其诚等（2009）提出的以接触力阈值 F_c 大于等于颗粒体系内平均接触力 $\langle F \rangle$ 的力链上的颗粒定义土体的骨架。

5.3.2.1　数值试样中骨架颗粒微观结构参数的确定

采用接触法向密度 $E(\theta)$ 描述试样内接触的分布（周杰，2011），$E(\theta)$ 在0°～360°范围的积分值恒等于1.0，每个倾角 θ 上的接触法向密度 $E(\theta)$ 可写为

$$E(\theta)=\frac{1}{2\pi}(1+a_{ij}^c n_i^c n_j^c) \tag{5.1}$$

式中：a_{ij}^{c} 为二阶反对称张量，$a_{11}^{c}=-a_{22}^{c}$，$a_{12}^{c}=a_{21}^{c}$；n_i^c 为接触法向，在二维离散单元模型中，采用接触法向与水平面的夹角 θ 表示 n_i^c，即 $n_1^c=\cos\theta$，$n_2^c=\sin\theta$。将 n_i^c 代入式（5.1）可得

$$E(\theta)=\frac{1}{2\pi}\left(1+\frac{a_{11}^{c}-a_{22}^{c}}{2}\cos 2\theta+\frac{a_{12}^{c}+a_{21}^{c}}{2}\sin 2\theta\right) \tag{5.2}$$

Rothenburg 和 Bathurst（1989）假设接触法向分布符合二阶傅里叶函数的形式，即

$$E(\theta)=\frac{1}{2\pi}[1+a^{c}\cos(2(\theta-\theta^{c}))] \tag{5.3}$$

式中：a^c 为试样的接触法向各向异性度；θ^c 为接触法向主方向。接触法向各向异性度 a^c 表示试样内接触的分布规律，其值在 0～1 之间，当 $a^c=0$ 时，试样内的接触均匀分布；当 $a^c=1$ 时，试样内的接触集中在一个方向。接触法向主方向 θ^c 为试样内接触的集中方向，当试样的接触法向各向异性度 $a^c=0$ 时，试样内没有接触法向主方向，θ^c 在 0°～360°范围内任意分布；当试样的接触法向各向异性度 $a^c\neq 0$ 时，a^c 和 θ^c 共同决定了试样内接触的分布规律。

对比式（5.2）和式（5.3）可知：

$$a^{c}=\frac{1}{2}\sqrt{(a_{11}^{c}-a_{22}^{c})^{2}+(a_{12}^{c}+a_{21}^{c})^{2}} \tag{5.4}$$

$$\tan 2\theta^{c}=(a_{12}^{c}+a_{21}^{c})/(a_{11}^{c}-a_{22}^{c}) \tag{5.5}$$

为确定二维离散单元试样的各向异性度指标——接触法向各向异性度 a^c 和接触法向主方向 θ^c，须先求出 a_{ij}^{c} 的值，Li（2006）推导的 a_{ij}^{c} 离散单元计算公式为

$$a_{ij}^{c}=4\left(\frac{1}{N^{c}}\sum_{c\in V}n_{i}^{c}n_{j}^{c}+\frac{1}{2}\delta_{ij}\right) \tag{5.6}$$

式（5.6）表明数值试样的各向异性度参数均可以通过数值试样的离散接触信息求得。

细观仿真模拟中不统计颗粒与墙体（剪切盒）之间的接触力，试样内部颗粒组成的骨架如图 5.19 所示，红色颗粒间的接触力均大于等于平均接触力 $\langle F\rangle$，剪切带的表征效果不明显。

经过尝试，本书以接触力阈值 F_c 大于等于 0.25 倍最大接触力 $F_{\max}$ 来定义和确定试样剪切过程中的土骨架，并以红色颗粒表示。与接触密度相对应，仿真试验还统计了接触力 F_c 大于等于 $0.25F_{\max}$ 的接触上各角度范围内接触力的平均值。

图 5.20 为 C3 数值试样施加完 100kPa 垂直压力后的颗粒力链分布情况，在垂直压力作用下，颗粒相互接触和嵌挤，不断向底部传递，形成最终树状接触

力网，可以看出接触力主要由粗颗粒来传递，未发生剪切时土石混合料内部的接触力比较均匀，较大接触力基本上垂直方向占多数。由于 C3 数值试样中 P_5 含量较高，块石与块石接触紧密，构成了整个缺失中间粒径土石混合料的骨架。

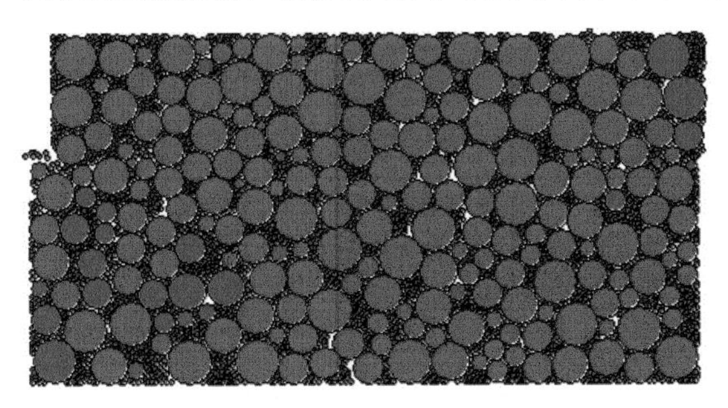

图 5.19　C3 数值试样内部骨架颗粒组成

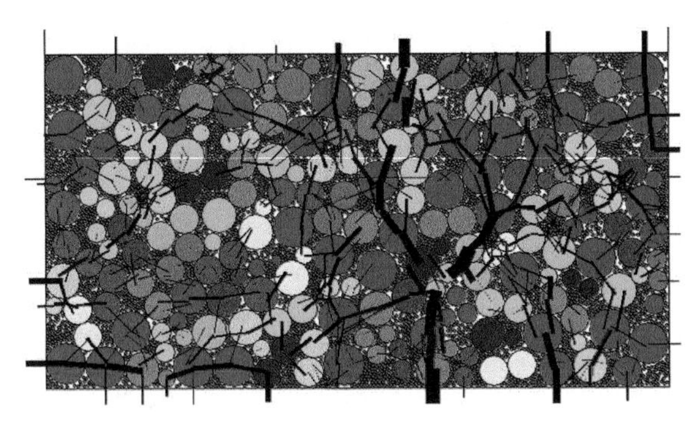

图 5.20　100kPa 垂直压力施加完成后 C3 试样颗粒力链分布

5.3.2.2　开缝宽度 5mm 直剪模拟结果

图 5.21 为 5mm 开缝宽度下 C3 数值试样在 100kPa 垂直压力下的抗剪强度与水平位移关系曲线，剪切位移 11.4mm 左右出现峰值，大小为 114.95kPa。随着剪切位移增大，抗剪强度明显降低。抗剪强度-水平位移曲线表现出应变软化现象，受颗粒组成的影响，曲线在峰值过后出现局部波动。

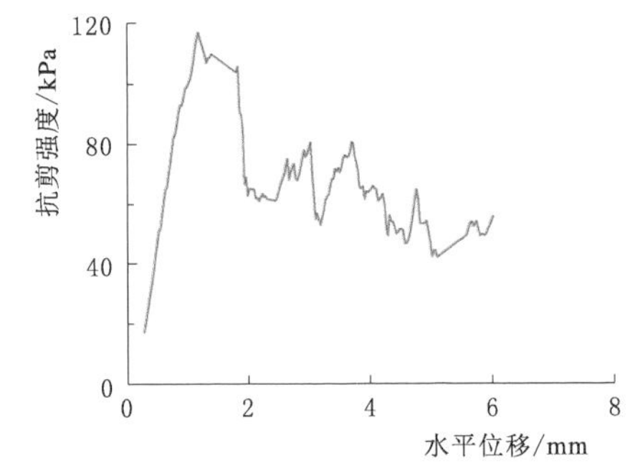

图 5.21　5mm 开缝宽度下 C3 数值试样在 100kPa 法向压力下的抗剪强度与水平位移关系曲线

1. 5mm 开缝宽度峰前阶段计算结果分析

选取水平剪切位移 1.06cm 为峰前阶段，通过接触力阈值 F_c 大于等于 0.25 倍最大接触力 F_{max} 确定的试样土骨架如

图 5.22 中红色颗粒所示，土骨架主要由大颗粒形成，抗剪强度也主要由大颗粒间的接触力提供，方向沿试样的右下方。该阶段 C3 数值试样土骨架上颗粒共计 88 个。

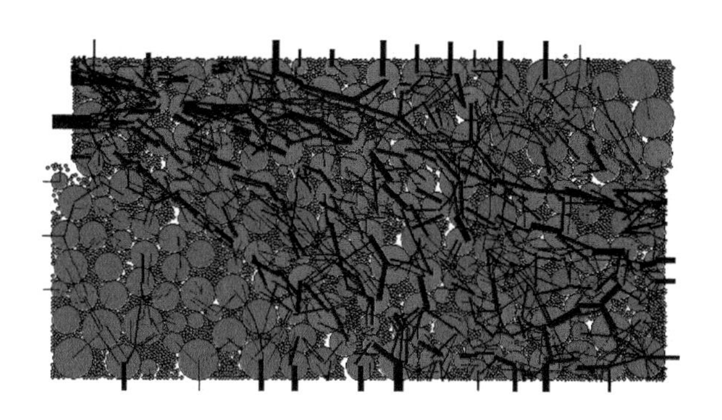

图 5.22 5mm 开缝宽度骨架颗粒及力链分布（峰前阶段）

剪切开始后，接触力开始集中，对比图 5.20 可以看出，土颗粒内部出现了明显的重排列，对于 P_5 含量较高的 C3 数值试样，剪切面并不是一个平面，试样内部受力极不均匀。受上盒向右推动的影响，可以很直观地看出缺失中间粒径的土石料内部力的传递路径，形成了右下斜向的接触力链，试样有较为明显的剪切带。剪切盒内部的土石料在左上角和右下角均受到挤压，左上土骨架受力最大。

为了分析缺失中间粒径土石混合料在四个不同剪切阶段中，骨架颗粒相互之间的接触分布规律和接触力分布情况，深入探讨骨架颗粒的接触特性，对骨架颗粒的接触法向各向异性度 a^c 和法向接触力分别在极坐标图中进行了统计。图 5.23 为 5mm 开缝宽度下试样中骨架颗粒的接触法向密度统计，显示了骨架颗粒相互接触的分布规律，可以看出峰前阶段试样中的骨架颗粒接触法向有明显主方向，分别为 125°～137°和 155°～170°，对比图 5.22 可以看出该方向为剪切带。图 5.24 为峰前阶段骨架颗粒法向接触力统计，可以看出在 28°～32°范围内骨架颗粒间的法向接触力最大，约为 3.1kN，但整体而言，颗粒间的接触力相对均匀。

2. 5mm 开缝宽度峰值阶段计算结果分析

仿真试验中，C3 数值试样在水平剪切位移 1.14cm 时达到峰值，该阶段试样土骨架如图 5.25 中红色颗粒所示，土骨架同样主要由大颗粒形成，抗剪强度也主要由大颗粒间的接触力提供，方向沿试样的右下方，试样土骨架上颗粒共计 111 个。

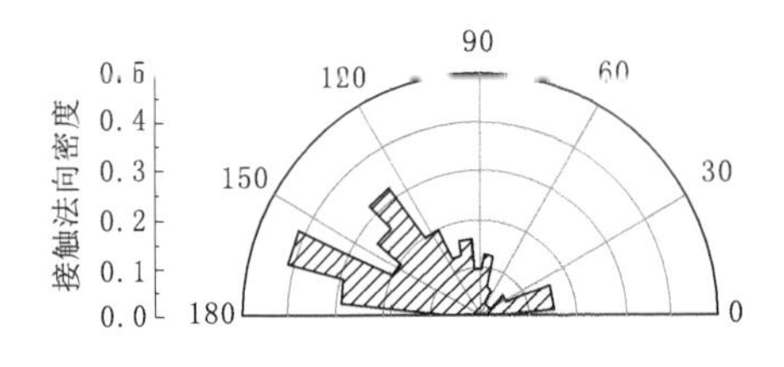

图5.23　5mm开缝宽度骨架颗粒接触法向密度统计（峰前阶段）

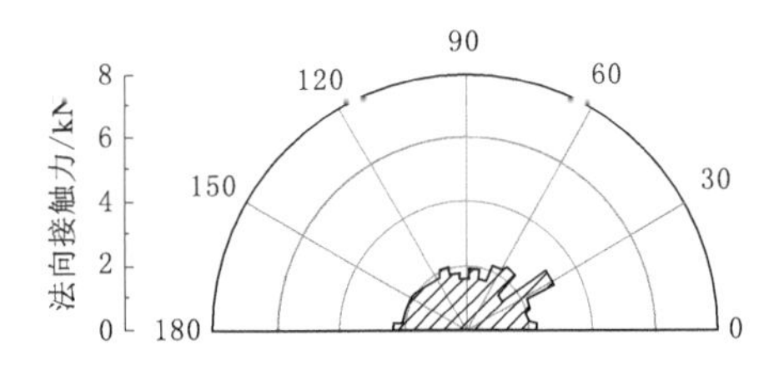

图5.24　5mm开缝宽度中骨架颗粒法向接触力统计（峰前阶段）

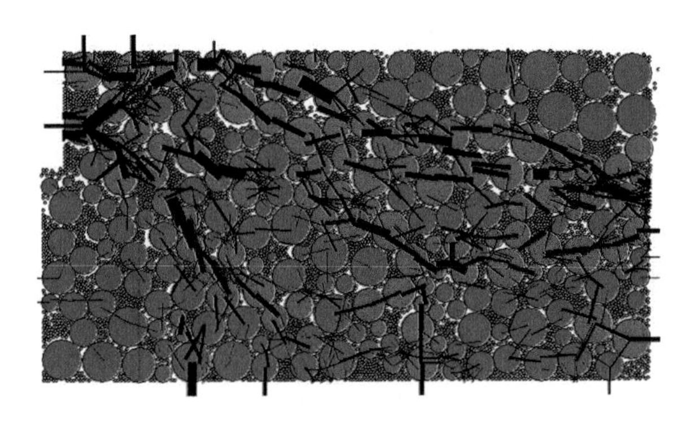

图5.25　5mm开缝宽度骨架颗粒及力链分布（峰值阶段）

该阶段土骨架上的颗粒和接触力由图5.23中基本的斜向右下开始转向剪切面方向，土颗粒内部出现了明显的重排列。受剪切位移增大的影响，在下盒左上方开始出现少量的颗粒溢出。剪切面并不是一个平面，试样内部受力极不均匀。受上盒向右推动的影响，从内部力的传递路径可以看出土石料内部形成了主要斜向右下的接触力链。剪切盒内部的土石料在左上角和右下角均受到挤压，左上土骨架受力最大，右侧开缝处接触力也开始增大，接触力链也开始变得密集。

对骨架颗粒的接触法向各向异性度 a^c 和法向接触力的统计如图5.26和图5.27所示。图5.26试样中骨架颗粒的接触法向密度统计及骨架颗粒相互接触的分布规律中可以看出，峰值阶段试样中的骨架颗粒接触法向也有明显主方向，在120°～175°之间接触密度明显较大，尤其在145°～155°，对比图5.25可以看出该方向为剪切带。由图5.27中可以看出各个角度的骨架颗粒间法向接触力均明显增大，在85°～115°范围内骨架颗粒间的法向接触力最大，最大为6.6kN。

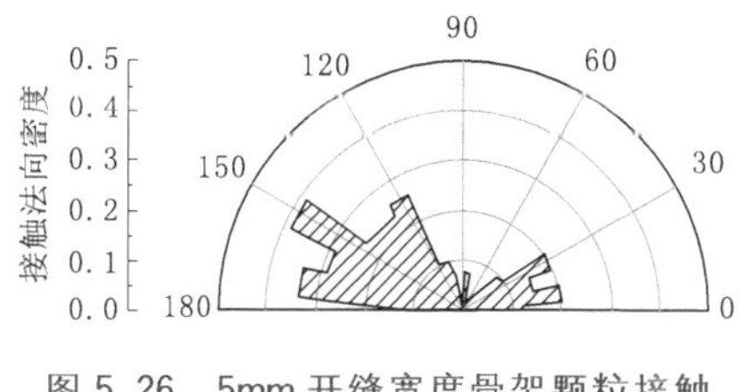

图 5.26 5mm 开缝宽度骨架颗粒接触法向密度统计（峰值阶段）

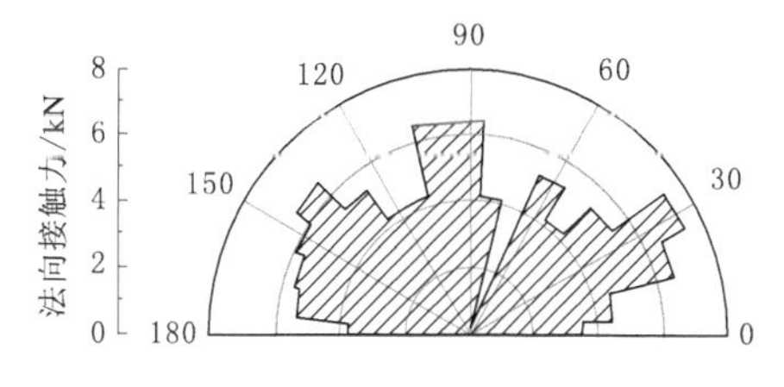

图 5.27 5mm 开缝宽度骨架颗粒法向接触力统计（峰值阶段）

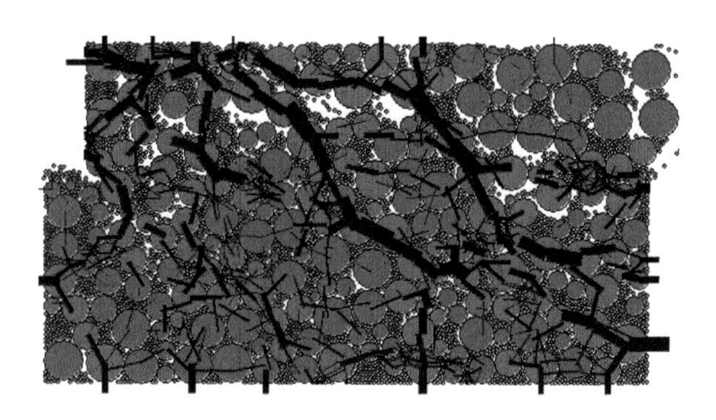
图 5.28 5mm 开缝宽度骨架颗粒及力链分布（峰后阶段）

3．5mm 开缝宽度峰后阶段计算结果分析

水平剪切位移为 2.09cm 时，C3 数值试样为峰后阶段。该阶段试样土骨架如图 5.28 中红色颗粒所示，土骨架同样主要由大颗粒形成，抗剪强度也主要由大颗粒间的接触力提供，土骨架开始出现在试样的左下方，试样土骨架上颗粒共计 142 个。

该阶段土骨架上的颗粒和接触力开始变得更为分散，受剪切位移增大的影响，缺失中间粒径的土石混合料内部开始出现了较多空洞，主要位于上剪切盒内部，土颗粒内部出现了明显的重排列。在下盒左上方和上盒右侧出现了颗粒溢出，可以明显看出剪切面不是一个平面，呈现出凸字形，试样内部受力极不均匀。从内部力的传递路径可以看出土石料内部形成了斜向右下以及右侧开缝处明显的接触力链。土石料在左上角和右下角均受到挤压，右下土骨架受力最大，右侧开缝处接触力也开始增大，接触力链也开始变得密集。

峰后阶段的土骨架接触法向密度和法向接触力统计见图 5.29 和图 5.30。由图 5.29 中试样骨架颗粒的接触法向密度统计及骨架颗粒相互接触的分布规律可以看出，试样中的骨架颗粒接触法向也有明显主方向，在 115°～125°及 145°～155°之间接触密度明显较大，对比可以看出该方向更接近剪切带。由图 5.30 中可以看出各个角度的骨架颗粒间法向接触力比峰值均明显减小，在 85°～140°范围内骨架颗粒间的法向接触力最大，最大值从图5.27中的6.6kN减为5.6kN。

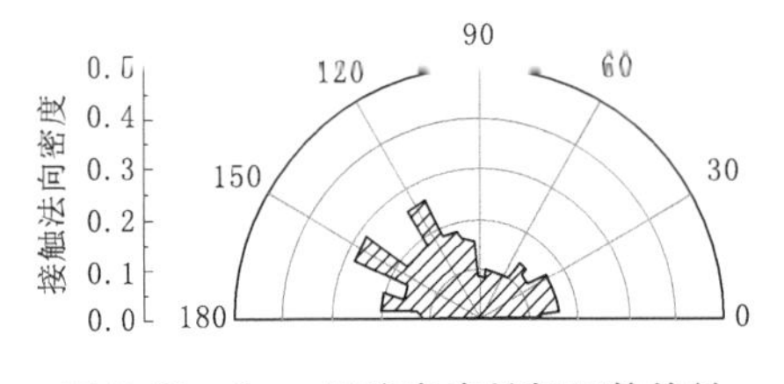

图5.29 5mm开缝宽度骨架颗粒接触法向密度统计（峰后阶段）

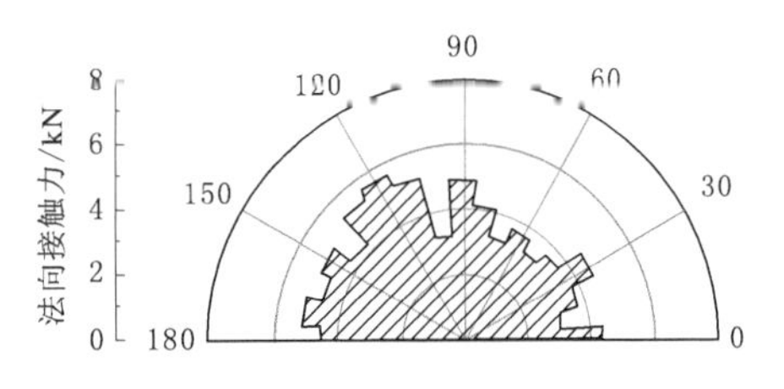

图5.30 5mm开缝宽度骨架颗粒法向接触力统计（峰后阶段）

4. 5mm开缝宽度残余阶段计算结果分析

水平剪切位移5.91cm时，C3数值试样为残余阶段。该阶段试样土骨架如图5.31中红色颗粒所示，土骨架同样主要由大颗粒形成，残余阶段，大颗粒间的接触力变得更为复杂和不均匀，土骨架在试样的左下方变得更为密集，试样土骨架上颗粒共计136个。

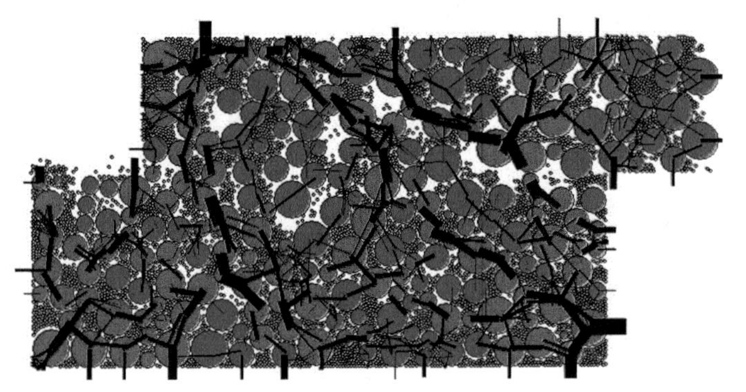

图5.31 5mm开缝宽度骨架颗粒及力链分布（残余阶段）

土骨架上的颗粒和接触力开始变得更为分散，受剪切位移增大的影响，缺失中间粒径的土石混合料内部剪切面附近开始出现了更多空洞，土颗粒内部出现了明显的重排列。在下盒左上方和上盒右侧出现了明显的颗粒溢出；颗粒间的接触力链开始转向垂直方向，试样内部受力极不均匀，剪切带更为宽泛。从内部力的传递路径可以看出土石料内部形成了斜向右下以及下盒左侧明显的接触力。受颗粒之间相互摩擦和嵌入的影响，土石料在上下盒的左侧和及下盒的右下角均受到挤压。

5mm开缝宽度下，残余阶段的土骨架接触法向密度和法向接触力统计见图5.32和图5.33。图5.32中试样骨架颗粒的接触法向密度统计显示，试样中的骨架颗粒接触法向主方向，在170°～176°之间接触密度较大。由于缺失中间粒径及剪切位移的进一步增大，在残余阶段，该方向相对远离了剪切带。由图5.33中可以看出各个角度的骨架颗粒间在残余阶段，法向接触力比峰值也有所减小，在 135°～145°范围内骨架颗粒间的法向接触力相对较大，最大为 4.2kN。

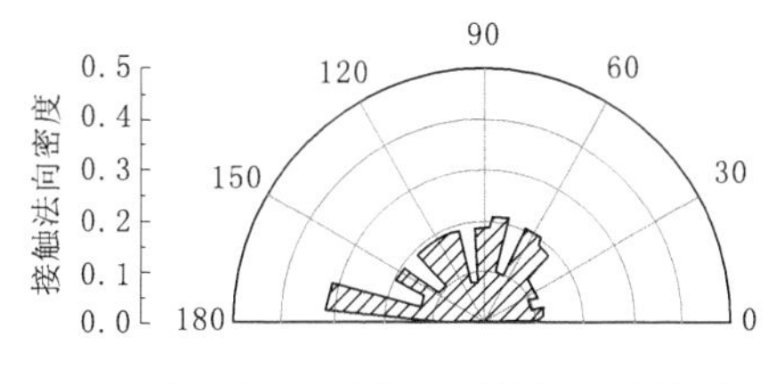

图 5.32 5mm 开缝宽度骨架颗粒接触法向密度统计（残余阶段）

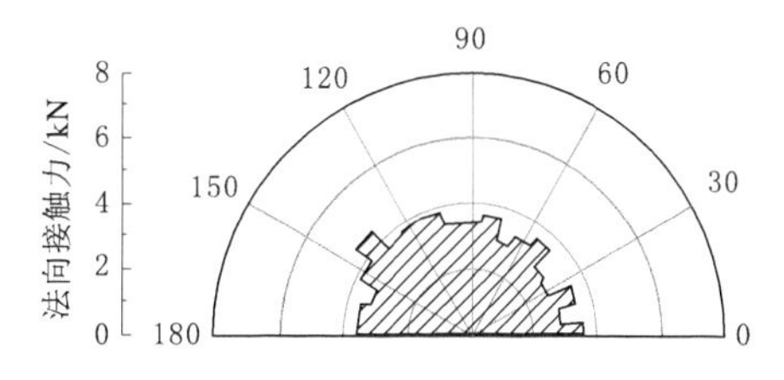

图 5.33 5mm 开缝宽度骨架颗粒法向接触力统计（残余阶段）

表 5.4 是 C3 数值试样在 5mm 开缝情况下，对峰前、峰值、峰后及残余等四个剪切状态中土骨架上各粒径颗粒的数目，各状态土骨架上的颗粒总数依次为 88、111、142 和 136 个。

表 5.4　5mm 开缝宽度 C3 数值试样骨架中颗粒组成及分布

数值试验粒径/mm	20	17	14	10	5	1.5
颗粒形状						
峰前状态	16	31	26	10	3	25
峰值状态	16	27	21	4	3	48
峰后状态	18	26	28	6	2	63
残余状态	23	27	21	12	1	57

5.3.2.3 开缝宽度 30mm 直剪模拟结果

图 5.34 为 30mm 开缝宽度下 C3 数值试样在 100kPa 垂直压力下的抗剪强度与水平位移关系曲线，剪切位移 17mm 左右出现峰值，比图 5.21 错后了 5.6mm，峰值强度大小为 89.9kPa，比图 5.21 减小了 24kPa，说明直剪试验中开缝宽度越大，相同条件下峰值强度就越低。与 5mm 开缝宽度类似，试样随着剪切位移的不断增大抗剪强度也在相应降低，抗剪强度-水平位移曲线同样表现出了应变软化现象，这些变化和规律与后文中室内试验趋势一致。受颗粒组成的影响，曲线在峰值过后出现局

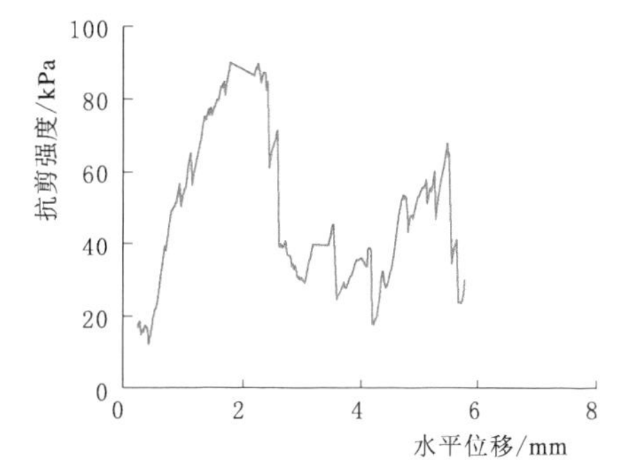

图 5.34 30mm 开缝宽度下 C3 数值试样在 100kPa 法向应力下的抗剪强度与水平位移的关系

部波动。

1. 30mm 开缝宽度峰前阶段计算结果分析

选取水平剪切位移 1.0cm 为峰前阶段，通过接触力阈值 F_c 大于等于 0.25 倍最大接触力 F_{max} 确定的试样土骨架如图 5.35 中红色颗粒所示，土骨架主要由大颗粒形成，抗剪强度也主要由大颗粒间的接触力提供，方向沿试样的右下方。该阶段 C3 数值试样土骨架上颗粒共计 119 个。

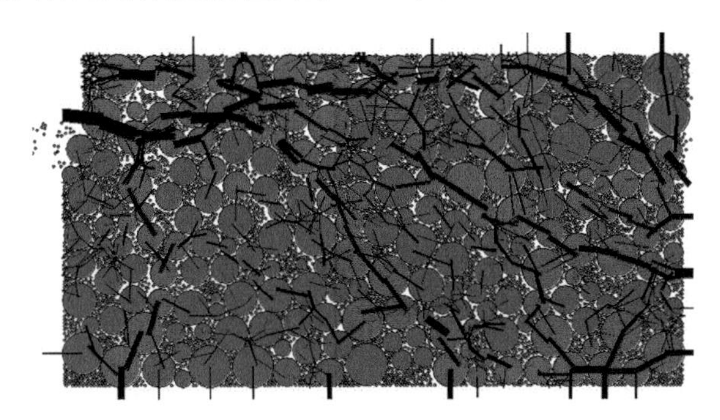

图 5.35　30mm 开缝宽度骨架颗粒及力链分布（峰前阶段）

由于开缝宽度增大，与图 5.22 相比，剪切后右侧上方溢出的土颗粒更多，接触力开始集中，试样中的孔洞明显增大，对比图 5.20 也可以看出土颗粒内部出现了明显的重排列。由于 P_5 含量较高，剪切面并不是一个平面，试样内部受力也极不均匀。受上盒向右推动的影响，可以很直观地看出缺失中间粒径的土石料内部力的传递路径，形成了主要位于右下斜向和上盒顶部的接触力链。这里开缝宽度大，剪切中土骨架向上盒顶部集中。剪切盒内部的土石料在左上角和右下角均受到挤压，左上土骨架受力最大。

为了分析缺失中间粒径土石混合料在 30mm 开缝条件下，四个不同剪切阶段中骨架颗粒相互之间的接触分布规律和接触力分布情况，深入探讨骨架颗粒的接触特性，也对骨架颗粒的接触法向各向异性度和法向接触力在极坐标图中进行了统计。图 5.36 为 30mm 开缝宽度下试样中在峰前阶段骨架颗粒的接触法向密度统计，可以看出峰前阶段试样中的骨架颗粒接触法向有明显主方向，分别为 145°～155°、175°～180°及 0°～10°，对比图 5.35 可以看出该方向更靠近上剪切盒，基本为剪切带方向。图 5.37 为峰前阶段骨架颗粒法向接触力统计，可以看出在 20°～28°范围内骨架颗粒间的法向接触力最大，约为 3kN，与 5mm 峰前接触力相似。但整体而言，颗粒间的接触力相对均匀。

2. 30mm 开缝宽度峰值阶段计算结果分析

30mm 开缝宽度条件下，C3 数值试样在水平剪切位移 1.7cm 时达到峰值，该阶段试样土骨架如图 5.38 中红色颗粒所示，土骨架同样主要由大颗粒形成，抗剪强度也主要由大颗粒间的接触力提供，试样中接触力方向总体向右下方，土骨架上颗粒共计 83 个。

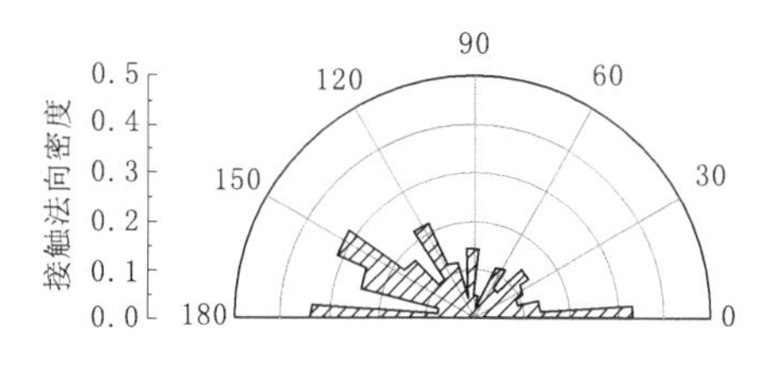

图 5.36 30mm 开缝宽度骨架颗粒接触法向密度统计（峰前阶段）

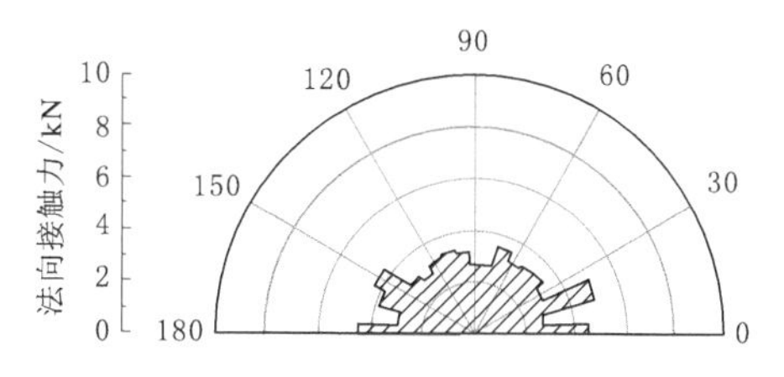

图 5.37 30mm 开缝宽度骨架颗粒法向接触力统计（峰前阶段）

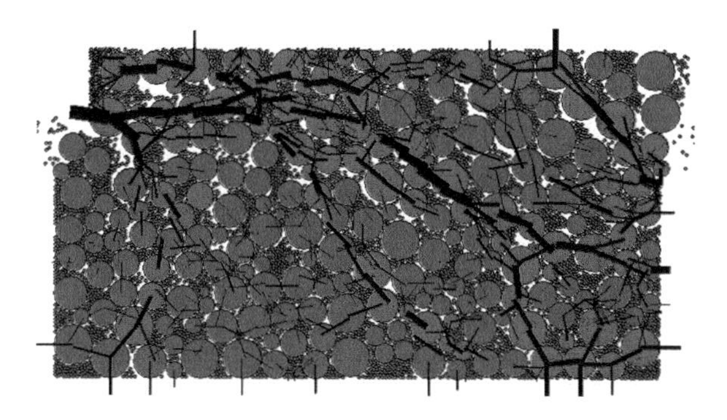

图 5.38 30mm 开缝宽度骨架颗粒及力链分布（峰值阶段）

峰值阶段土骨架上的颗粒和接触力由图 5.35 中基本的斜向右下和上盒顶部，开始转向右下方向，接触力链也开始在右侧开缝处集中，土颗粒内部出现了明显的重排列。受剪切位移增大的影响，在下盒左上方和下盒右上方出现了少量颗粒溢出。从土骨架分布上可以看出，剪切面并不是一个平面，试样内部受力极不均匀。受上盒向右推动的影响，从内部力的传递路径可以看出土石料内部形成了主要斜向右下的接触力链。剪切盒内部的土石料在左上角和右下角均受到挤压，左上土骨架受力最大，右侧开缝处接触力也开始增大，接触力链也开始变得密集。

30mm 开缝宽度下，对峰值阶段骨架颗粒的接触法向各向异性度 a^c 和法向接触力的统计如图 5.39 和 5.40 所示。从图 5.39 骨架颗粒相互接触的分布规律中可以看出，峰值阶段试样中的骨架颗粒接触法向也有明显主方向，分别为 145°～155°、175°～180°及 0°～10°接触密度明显较大，与峰前阶段位置类似，对比图 5.40 可以看出上述方向为剪切带。从图 5.40 中可以看出各个角度的骨架颗粒间法向接触力均明显增大，在 85°～115°范围内骨架颗粒间的法向接触力最大，达到 7.1kN。

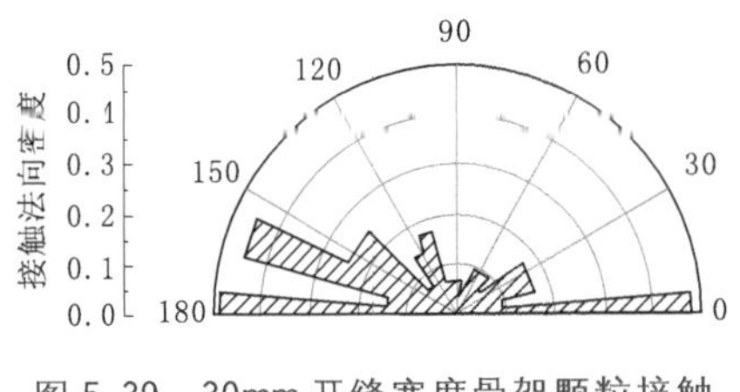

图5.39　30mm开缝宽度骨架颗粒接触法向密度统计（峰值阶段）

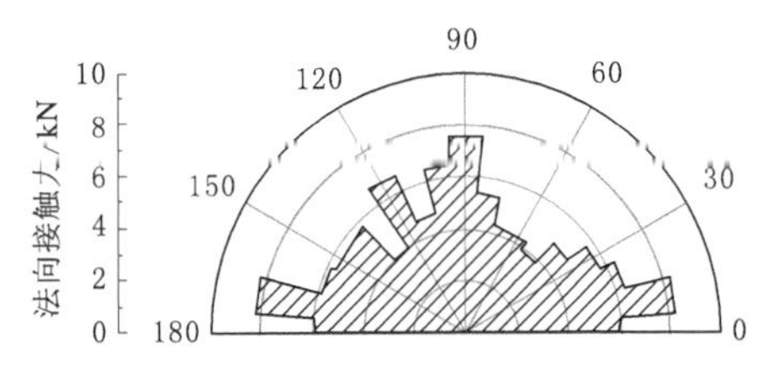

图5.40　30mm开缝宽度骨架颗粒法向接触力统计（峰值阶段）

3. 30mm开缝宽度峰后阶段计算结果分析

水平剪切位移3.0cm时，C3数值试样为峰后阶段。该阶段试样土骨架如图5.41中红色颗粒所示，土骨架同样主要由大颗粒形成，抗剪强度也主要由大颗粒间的接触力提供，土骨架开始出现在试样的左下方，与图5.28相比，土骨架上颗粒明显减少，仅70个。

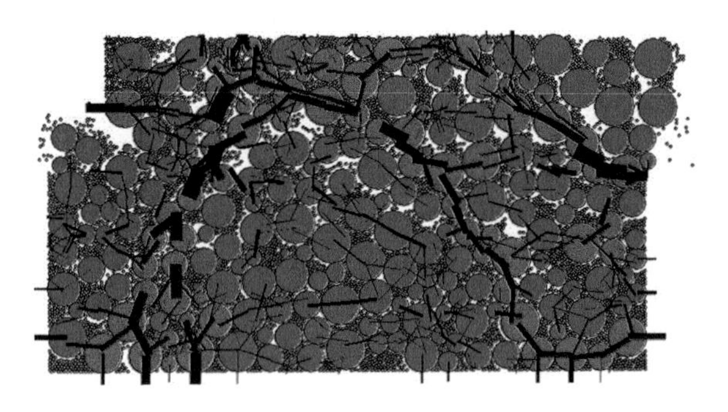

图5.41　30mm开缝宽度骨架颗粒及力链分布（峰后阶段）

该阶段土骨架上的颗粒和接触力开始变得更为分散，受剪切位移增大的影响，缺失中间粒径的土石混合料内部开始出现了更多空洞，主要位于上剪切盒内部，土颗粒内部出现了明显的重排列。在下盒左上方和上盒右侧出现了颗粒溢出，可以明显看出剪切面不是一个平面，呈现出凸字形，试样内部受力极不均匀。从内部力的传递路径可以看出，土石料内部形成了斜向右下以及右侧开缝处明显的三条接触力链。土石料在左上角和右下角均受到挤压，右下土骨架受力最大，右侧开缝处接触力也开始增大，接触力链也开始变得密集。

30mm开缝宽度下，峰后阶段的土骨架接触法向密度和法向接触力统计见图5.42和图5.43。图5.42中试样骨架颗粒的接触法向密度统计显示，试样中的骨架颗粒接触法向也有明显主方向，在0°～10°、71°～80°及100°～130°之间接触密度明显较大，对比可以看出该方向更接近剪切带。从图5.43中可以看出个别骨架颗粒间法向接触力比峰值还略有增加，在 70°～86°范围内骨架颗粒间的法向接触力最大，为 8.2kN。

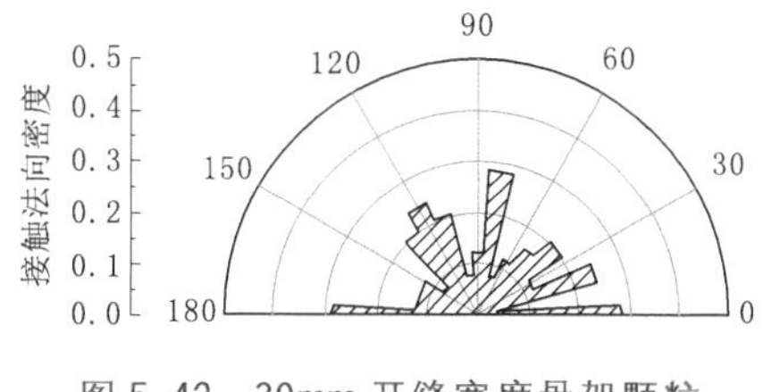

图 5.42 30mm 开缝宽度骨架颗粒接触法向密度统计（峰后阶段）

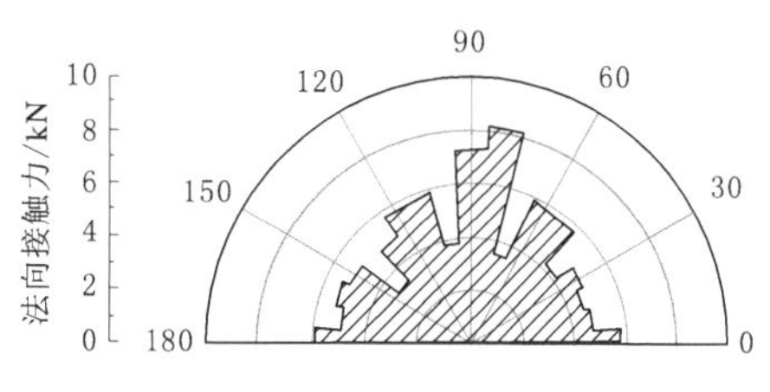

图 5.43 30mm 开缝宽度骨架颗粒法向接触力统计（峰后阶段）

4. 30mm 开缝宽度残余阶段计算结果分析

水平剪切位移 5.70cm 时，C3 数值试样进入剪切仿真模拟试验的残余阶段。该阶段试样土骨架如图 5.44 中红色颗粒所示，土骨架同样主要由大颗粒形成。残余阶段大颗粒间的接触力变得更为复杂和不均匀，土骨架在试样的左下方变得更为密集，试样土骨架上颗粒也由图 5.31 中的 136 个降为 87 个。

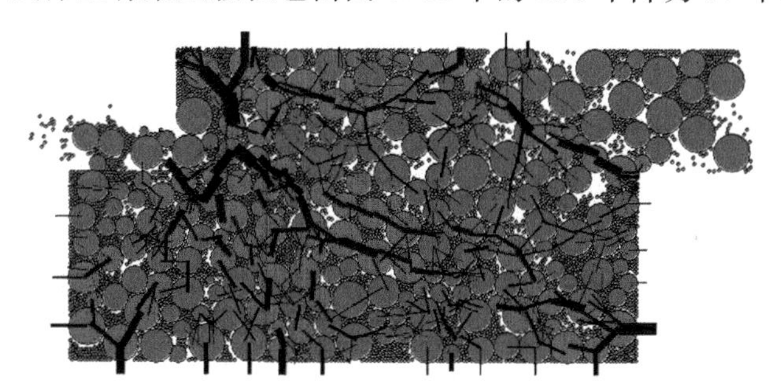

图 5.44 30mm 开缝宽度骨架颗粒及力链分布（残余阶段）

土骨架上的颗粒和接触力在剪切面上变得更为分散，骨架上的颗粒主要集中在下盒左侧中间。受剪切位移增大的影响，缺失中间粒径的试样内部剪切面附近开始出现了更多空洞，土颗粒内部出现了明显的重排列。在下盒左上方和上盒右侧出现了相当数量的颗粒溢出；颗粒间的接触力链开始转向垂直方向，试样内部受力极不均匀。从内部力的传递路径可以看出土石料内部形成了斜向右下以及下盒左侧明显的接触力。受颗粒之间相互摩擦和嵌入的影响，试样在上下盒的左侧和及下盒的右下角均受到挤压。

30mm 开缝宽度下，残余阶段的土骨架接触法向密度和法向接触力统计见图 5.45 和图 5.46。图 5.45 中试样骨架颗粒的接触法向密度统计显示，试样中的骨架颗粒接触法向主方向，在 145°～155°之间接触密度较大。由于缺失中间粒径及剪切位移的进一步增大，在残余阶段，该方向相对远离了剪切带，向右下方倾斜。图 5.33 中可以看出各个角度的骨架颗粒间在残余阶段，法向接触力比峰值也有所减小，受开缝宽度增大的影响，在 75°～85°范围内骨架颗粒间的法向接触力相对较大，最大为 4.3kN 左右。

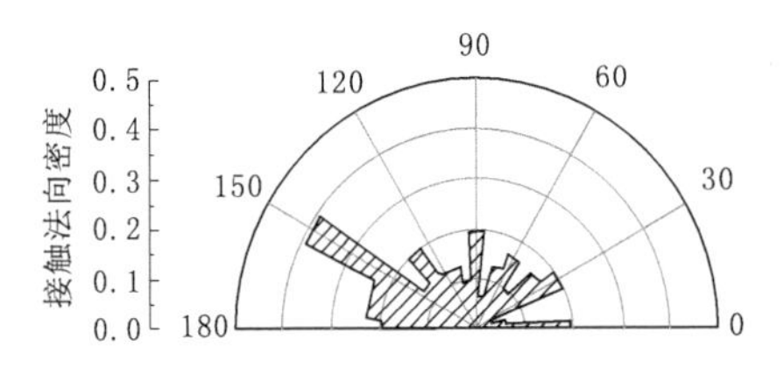

图 5.45　30mm 开缝宽度骨架颗粒接触法向密度统计（残余阶段）

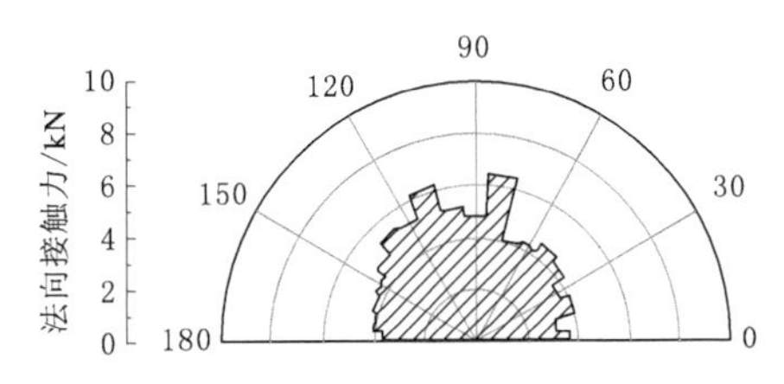

图 5.46　30mm 开缝宽度骨架颗粒法向接触力统计（残余阶段）

表 5.5 是 C3 数值试样在 30mm 开缝情况下，对峰前、峰值、峰后及残余等四个剪切状态中土骨架上各粒径颗粒的数目进行统计，各状态土骨架上的颗粒总数依次为 119、83、70 和 87。除了峰前状态比 5mm 开缝的峰前状态多 31 个以外，在峰值、峰后和残余状态分别减少了 28、72 和 49 个，说明同等情况下，开缝宽度对土骨架的颗粒有重要影响，开缝越宽，土骨架上的颗粒数就越少。

表 5.5　30mm 开缝宽度 C3 数值试样骨架中颗粒组成及分布

数值试验粒径/mm	20	17	14	10	5	1.5
颗粒形状						
峰前状态	24	23	18	6	1	39
峰值状态	19	17	17	4	1	31
峰后状态	15	17	14	4	0	25
残余状态	15	20	19	2	0	39

5.4　不同开缝宽度土石混合料试样直剪试验可靠性研究

图 5.47、图 5.49 和图 5.51 分别是 C1～C3 土石混合料试样三轴压缩试验得到的偏应力-轴向应变关系曲线，图 5.48、图 5.50 和图 5.52 分别是三轴压缩试验与相同级配、相同相对密度下的直剪试验结果对比，其中，C1 开缝宽度为 5mm，C2 和 C3 土石混合料试样开缝宽度均为 10mm，测得的强度指标见表 5.6。对比可以看出，直剪试验中，C1 土石混合料试样开缝宽度为 5mm、C2 和

C3 土石混合料试样开缝宽度均为 10mm 情况下，直剪试验得到的内摩擦角与相应的三轴压缩试验得到的有效内摩擦角均较为接近。

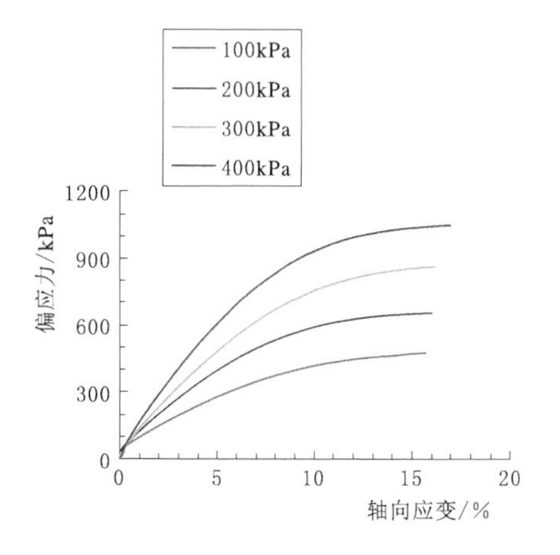

图 5.47 C1 土石混合料试样三轴压缩试验偏应力-轴向应变关系曲线

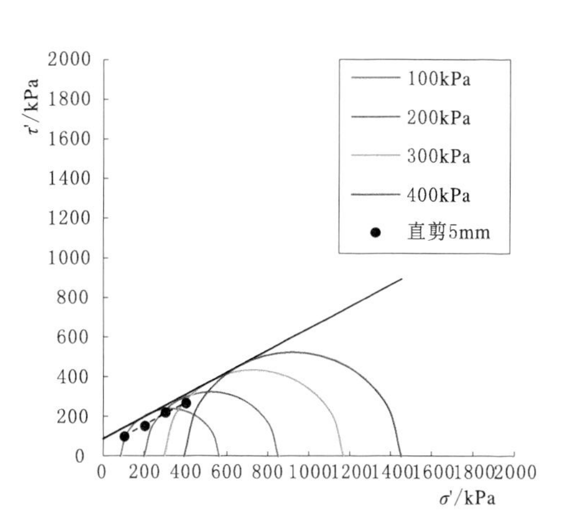

图 5.48 C1 土石混合料试样三轴压缩试验与 5mm 开缝宽度直剪试验对比

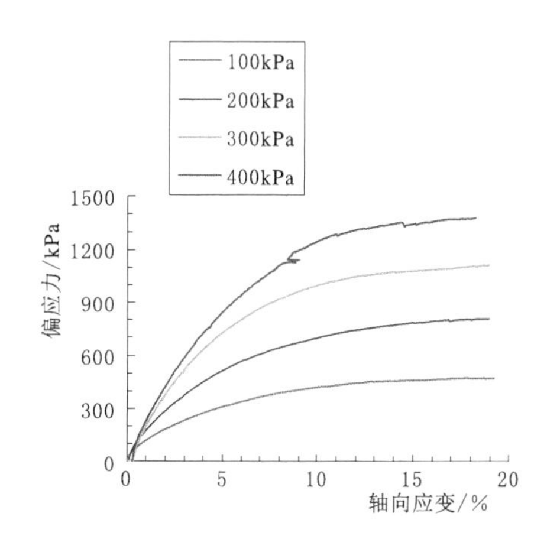

图 5.49 C2 土石混合料试样三轴压缩试验偏应力-轴向应变关系曲线

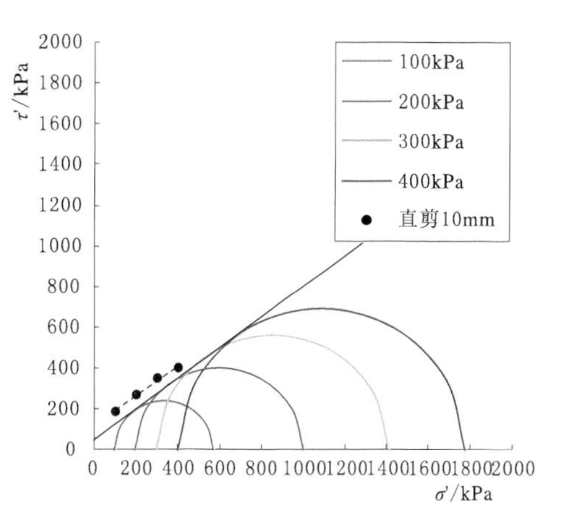

图 5.50 C2 土石混合料试样三轴压缩试验与 10mm 开缝宽度直剪试验对比

表 5.6　　直剪与三轴压缩试验结果对比

材料	缝宽/mm	内摩擦角/(°)	黏聚力/kPa	有效内摩擦角/(°)	有效黏聚力/kPa
C1	4	29.8	44.8	29.1	88.0
C2	10	36.1	118.9	36.9	48.0
C3	10	39.1	66.5	41.4	17.3

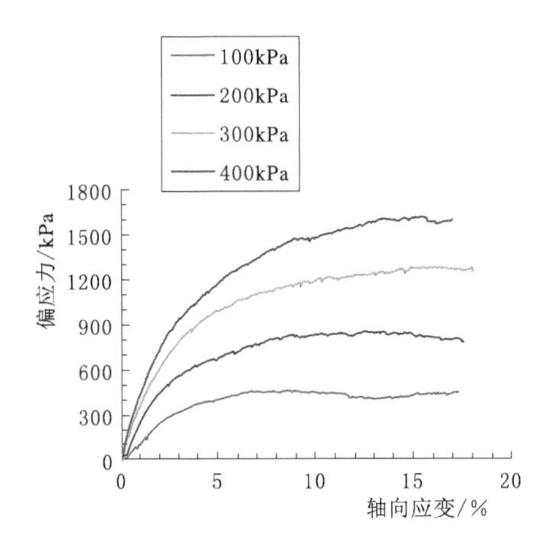

图 5.51　C3 土石混合料试样三轴压缩试验偏应力-轴向应变关系曲线

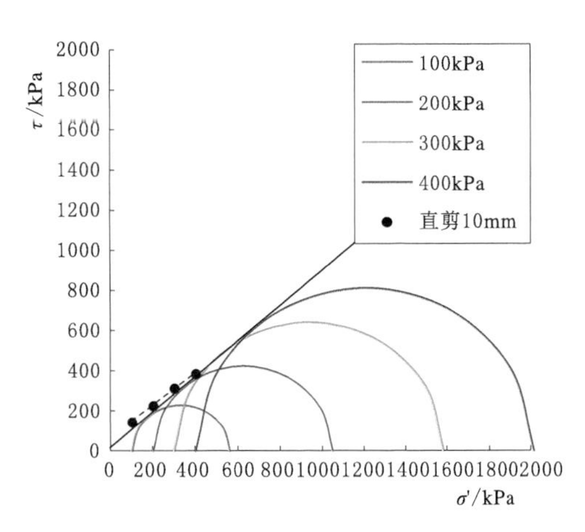

图 5.52　C3 土石混合料试样三轴压缩试验与 10mm 开缝宽度直剪试验对比

因此，对于书中典型的缺失中间粒径土石混合料直剪试验而言，当细颗粒含量较多时，采用规范建议的开缝宽度是合理的，但随着粗颗粒含量进一步增加，中砾（$5\text{mm}<d\leqslant 20\text{mm}$）含量超过 70%时，直剪试验的上下盒之间开缝宽度取 $1/2d_{max}$ 更为合理。

第6章 土石混合料剪切特性分析

土石混合料是由大小不等、性质不同的颗粒相互填充后形成的复杂非连续介质材料。受地质因素和母岩性质的影响明显，材料组成多样，结构分布不规则，土石比例和级配变化范围均较大，土石混合料强烈的非均质性决定了其复杂的力学特性和差异明显的工程特性，剪切特性与土石本身力学性质、土石相对比例、碎石形态等材料自身性质和颗粒组成等内在因素密切相关。

为了解和研究土石混合料的剪切特性，以及其与级配类型之间的相关性，主要测定方法是直剪试验和三轴试验，直剪试验由于原理简单、花费较低和操作简单，广泛应用于土木工程科研与工程中。本章结合典型土石混合料颗分曲线的分类，将承德机场高填方一区取回土的土石混合料按第4章各类型中典型颗分曲线的粒组组成进行重新配制，在一系列室内大型直剪试验的基础上，系统开展了不同级配条件下土石混合料的剪切机理分析、级配特征与强度对比，分析和总结土石混合料剪切过程中的粒组特征，探讨了土石混合料剪切特性及其受剪力学变化规律。

6.1 强度试验及方案设计

根据大型直剪试验仪剪切盒尺寸及规范要求综合确定试样最大粒径，按第4章中3种级配类型共计7条颗分曲线（包括3条B类均匀颗粒曲线、3条C类缺失中间粒径不连续曲线及1条A类级配良好曲线）的粒组组成，对承德机场114m高填方一区的土石混合料进行重新配制。为了能够更好地对比试验成果，便于对不同级配类型的土石混合料强度特性进行充分了解，试验中控制各剪切试样的相对密度和磨圆度一致。

根据承德机场现场填筑中土石料成因、组成成分及地质地貌、现场开挖填筑等情况，选取典型土石混合填筑料进行试样制备（图6.1）。通过一系列不同级配室内大型直剪试验，分析抗剪强度与级配参数等因素之间的关系，找出不同级配情况下填筑料强度指标的变化规律。

图6.1　承德机场高填方一区现场取料

6.1.1　试验方案设计

6.1.1.1 试验材料和设备选择

采用四分法取填筑料6105g，试样中小于0.075mm的为947.2g，占总质量的15.5%，密度计法联合测定得到的颗分曲线如图6.2所示。

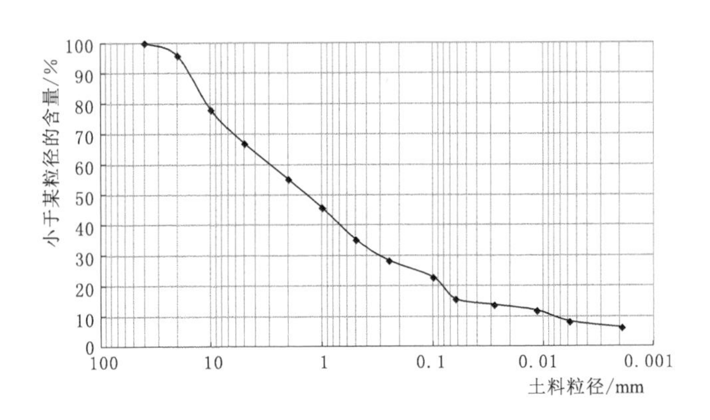

图6.2　土石混合料取回试样颗分曲线

图中可以看出，$d_{10}=0.009\text{mm}$，$d_{30}=0.32\text{mm}$，$d_{60}=0.32\text{mm}$。

不均匀系数：$C_u=\dfrac{d_{60}}{d_{10}}=\dfrac{3}{0.009}=333.3$。

曲率系数：$C_c=\frac{d_{30}^2}{d_{60}\times d_{10}}=\frac{0.32^2}{3\times 0.009}=3.79$。

按《土工试验方法标准》（GB/T 50123　2019）判断该土料级配不良，分类定名为黏土质砂（SC）。

击实试验采用粒径 $d<5\text{mm}$ 土料进行标准击实，确定压实状态下土料的最大干密度和最优含水率。击实仪筒径 102mm，高 116mm，落锤重 2.5kg，直径 51mm，落距 305mm，单位体积击实功 592.2kJ/m³。击实试验成果 ρ_d-w 关系曲线见图 6.3，最大干密度 $\rho_{dmax}=1.93\text{g/cm}^3$，最优含水率 $w_{op}=11.3\%$。

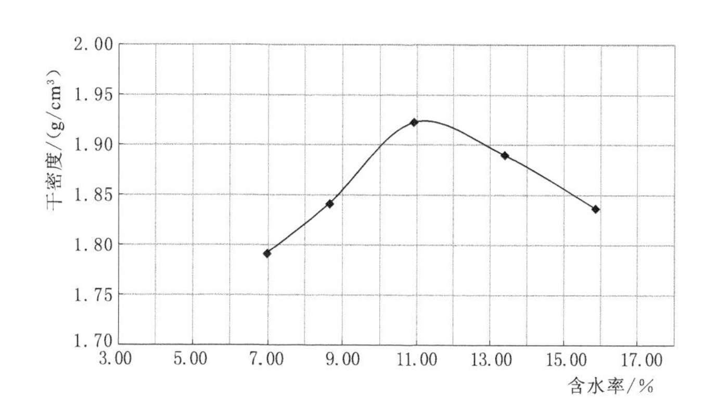

图 6.3　土石混合料击实曲线

室内大型直剪试验采用美国 GeoComp 公司生产的 ShearTrac－Ⅲ大型直剪仪，直剪盒的边长为 30.5cm，直剪盒的高度 20cm，为尽量减小各不良级配土料的尺寸效应，控制各不良级配试验土样的最大粒径值为 20mm，符合《土工试验方法标准》（GB/T 50123—2019）中 D/d_{max} 的比值为 8～12、H/d_{max} 为 4～8 的规定，其中 D 为直剪盒的长度，d_{max} 为最大颗粒粒径，H 为直剪盒的高度。

6.1.1.2　试验级配设计

结合承德机场高填方典型填筑料，考虑施工现场土石混合料的粒组组成，将土料按不同的控制粒径 d_{60}、中间粒径 d_{30}、有效粒径 d_{10} 及不均匀系数 C_u 和曲率系数 C_c 重新混合配制成 7 条级配曲线（图 6.4、表 6.1 和表 6.2），开展室内大型直剪试验。

颗分曲线包括 3 条 B 曲线、3 条 C 曲线及 1 条 A 曲线，图 6.4 中 C 曲线从上到下依次为 C1～C3，B 曲线从左到右依次为 B1～B3。

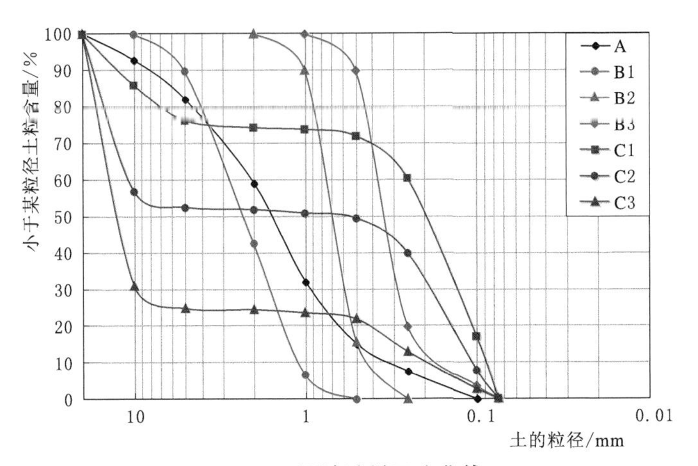

图6.4　设计试样颗分曲线

表6.1　　设计试样颗粒级配表

粒　径 /mm	小于某粒径的颗粒百分含量/%						
	A	B1	B2	B3	C1	C2	C3
20	100				100	100	100
10	92.8	100			86	57	31
5	82	89.9			76.27	52.6	24.91
2	59	42.66	100		74.35	52	24.53
1	32	6.76	90	100	73.84	51	23.67
0.5	15	0	15.6	90	72	49.6	22
0.25	7.5		0	20	60.5	40	13
0.1	0			3.5	17	7.76	2.6
0.075				0	0	0	0

表6.2　　设计试样颗粒级配情况统计

级配参数	设计试样						
	A	B1	B2	B3	C1	C2	C3
d_{10}	0.35	1.2	0.45	0.18	0.087	0.11	0.19
d_{20}	0.65	1.4	0.53	0.25	0.11	0.15	0.42
d_{30}	0.92	1.65	0.59	0.28	0.14	0.18	9.8
d_{50}	1.7	2.3	0.69	0.35	0.18	0.48	14
d_{60}	2.2	2.7	0.75	0.37	0.25	11	15
d_{70}	3	3.4	0.8	0.4	0.4	7.5	17
C_u	6.28	2.25	1.67	2.05	2.87	100	78.9
C_c	1.1	0.84	1.03	1.17	0.90	0.026	33.7
评判	良好	不良	不良	不良	不良	不良	不良

6.1.1.3 试验设计

试样为自然风干土石混合料，实测含水率为3%。为使土石料中各粒组混合均匀，试验前根据各颗分曲线上料的相对密度和剪切盒体积确定每层装样质量。装样时充分拌合，分4层装入剪切盒内，如图6.5所示。填装时层间刨毛，用击实锤夯击直至控制高度，形成均质体，之后取下固定插销。采用慢剪进行试验，法向压力分别取100kPa、200kPa、300kPa和400kPa；剪切为单向剪切，速率均采用0.8mm/min，当上下盒相对水平剪切位移达到60mm时停止剪切。

（a）第一层装样情况

（b）第二层装样情况

（c）第三层装样情况

（d）第四层装样情况

图6.5 充分拌和后分四层装样

直剪试验中，土石混合料颗粒由于强度高并被装在刚性的剪切盒中，靠近盒壁处的颗粒受到侧壁的约束，影响试验结果，这就要求在剪切开始之前，在上下盒之间开一定的缝隙。一方面，缝隙尺寸太小会造成强度偏高；若缝隙开得过大，剪切过程中颗粒又会掉出来，有效剪切面积减小，并使剪切面的土的密度减小，造成强度偏低。另一方面，若最大粒径较大，但含量很少，也起不到控制作用，就要考虑土料中较大颗粒含量问题（郭庆国，1996），直剪试验方案设定中，剪切盒间的开缝宽度主要考虑了不良级配土料C类级配和B类颗分曲线中粒径组成的特殊性，结合粗粒料最大粒径、粗粒料含量及不良颗粒级配的具体组成等情况，并参考以往相关大型直剪试验中开缝尺寸的统计资料（郭庆国，1996）及第5章研究成果，确定本次试验开缝宽度为：将A、C1及B1～B3等试验土样的开缝宽度设为5mm，C2、C3两条颗分曲线的试验土料开缝宽度设为10mm，室内大型直剪试验共进行了7组，近30个土样。

6.1.1.4　试样控制条件设计

为更好地对比试验结果，对土样要求如下：

（1）相对密度相同。相对密度是指无黏性土处于最松状态与天然状态孔隙比之差和最松状态孔隙比与最密实孔隙比之差的比值，该密度能综合反映土料的颗粒级配、土粒形状和结构等因素，在理论上是个比较完善的指标。室内试验中，一般用振动台试验来确定最大干密度和最小干密度后，代入式（6.1）得到制样干密度。

$$D_r=\frac{\rho_{dmax}(\rho_{d0}-\rho_{dmin})}{\rho_{d0}(\rho_{dmax}-\rho_{dmin})} \tag{6.1}$$

式中：D_r 为相对密度；ρ_{dmax} 为最大干密度，g/cm^3；ρ_{dmin} 为最小干密度，g/cm^3；ρ_{d0} 为人工填筑干密度，g/cm^3。

表6.3为设计试样的最大干密度、最小干密度与试样干密度的试验计算结果。结合机场高填方施工情况，试验中制样干密度均按相对密实度 D_r=0.6控制得到（表6.4）。

表6.3　设计试样的相对密度试验结果

干密度	设计试样						
	A	B1	B2	B3	C1	C2	C3
ρ_{dmax}	1.73	1.57	1.45	1.47	1.59	1.92	1.94
ρ_{dmin}	1.43	1.30	1.19	1.19	1.32	1.60	1.57

表6.4　设计试样干密度计算结果

相对密度 D_r	设计试样干密度 ρ_d（g/cm^3）						
	A	B1	B2	B3	C1	C2	C3
0.6	1.60	1.45	1.33	1.34	1.47	1.78	1.77

(2) 磨圆度相同。为了避免土料颗粒中圆形和棱角形的差异对试验结果的影响，各级配试验土石混合料的磨圆度控制一致。

6.1.2 试验结果与分析

6.1.2.1 直剪试验结果

A土石混合料的装样情况见图6.6，直剪试验结果见图6.7。对比图6.7(a)可以看出，该土石混合料基本在剪切位移20mm附近出现峰值，峰值强度随着垂直压力的增大而增大，且剪应力-水平位移曲线表现出应变软化现象。其中，100kPa和200kPa等垂直压力下的曲线在峰值过后基本趋于水平，高垂直压力下的曲线在峰值过后有增加的趋势，表现出了较高的残余强度。高垂直压力下，受剪切过程中颗粒的相互嵌入、咬合以及破碎等影响，抗剪强度-水平位移曲线在局部表现出一定的错动。图6.7(b)显示良好级配的A土石混合料的内摩擦角为44.8°，黏聚力为66.5kPa。

(a) 土料拌和情况

(b) 土料装填情况

图6.6 A土石混合料的装样情况

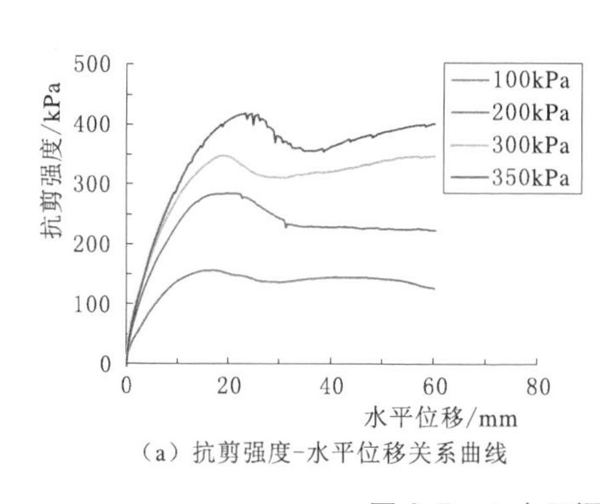

(a) 抗剪强度-水平位移关系曲线

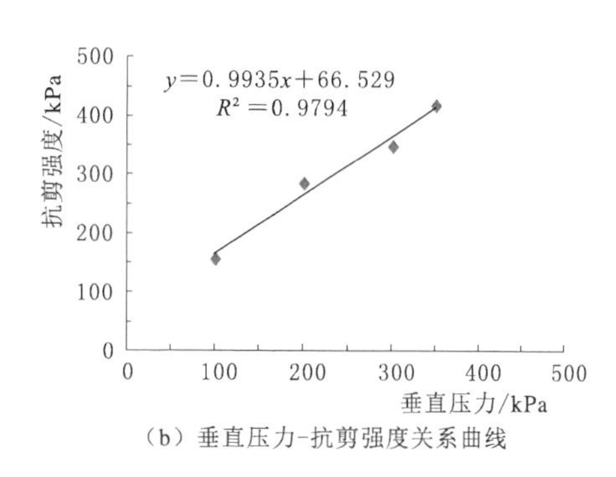

(b) 垂直压力-抗剪强度关系曲线

图6.7 A土石混合料的直剪试验结果

粒径较为均匀的B1土石混合料的装样情况见图6.8，直剪试验结果见图6.9。对比图6.9(a)可以看出，100kPa垂直压力下，B1混合料的峰值出现在剪切位移18mm左右，随着垂直压力的增大，峰值出现的位置也相应向右移动，400kPa垂直压力下B1混合料的峰值出现在剪切位移25mm左右，剪应力-水平位移曲线均表现出应变软化现象，曲线在峰值过后大体趋于水平。受剪切过程中颗粒的相互嵌入、咬合以及破碎等影响，剪应力-水平位移曲线在局部表现出一定的错动。图6.9（b）显示B1混合料内摩擦角为39.9°，黏聚力为67.4kPa。

（a）土料拌和情况

（b）土料装填情况

图6.8 B1土石混合料的装样情况

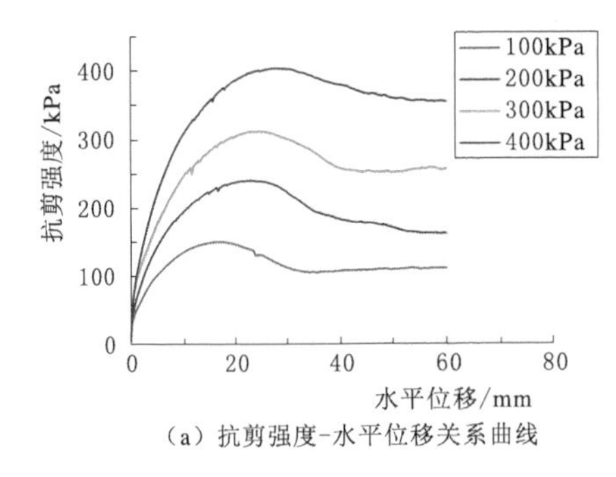

（a）抗剪强度-水平位移关系曲线

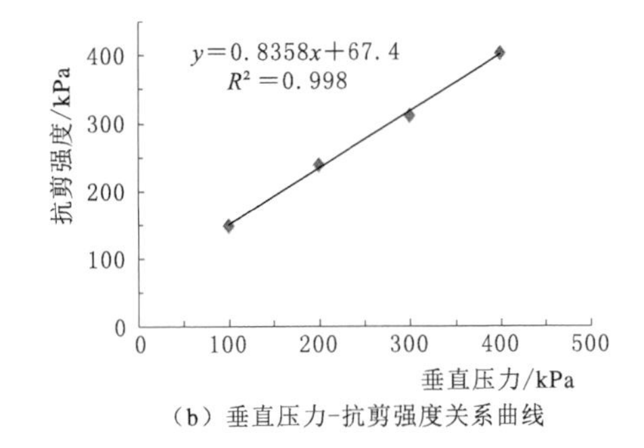

（b）垂直压力-抗剪强度关系曲线

图6.9 B1土石混合料的直剪试验结果

B2土石混合料的装样情况见图6.10，直剪试验结果见图6.11。对比图6.11（a）可以看出，100kPa垂直压力下，B2混合料的峰值出现在剪切位移18mm左右，随着垂直压力的增大，峰值出现的位置也大体上呈现向右移动的趋势，400kPa垂直压力下B2混合料的峰值出现在剪切位移23mm左右。与B1混合料相比，高垂直压力下剪应力-水平位移曲线表现出的应变软化现象减弱，曲线在峰值过后大体趋于水平，剪应力-水平位移曲线在局部也表现出一定错动。图6.11（b）显示B2混合料内摩擦角为39.9°，黏聚力为67.4kPa。

B3土石混合料的装样情况见图6.12，直剪试验结果见图6.13。对比图6.13（a）可以看出，100kPa垂直压力下，B3混合料的峰值出现在剪切位移20mm左右，随着垂直压力的增大，峰值出现的位置也大体上呈现向右移动的趋势，400kPa垂直压力下B3混合料的峰值出现在剪切位移25mm左右，相同

（a）土料拌和情况

（b）土料装填情况

图 6.10 B2 土石混合料的装样情况

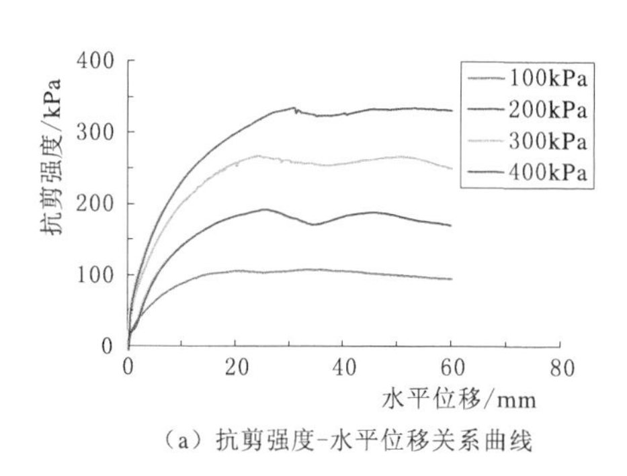

（a）抗剪强度-水平位移关系曲线

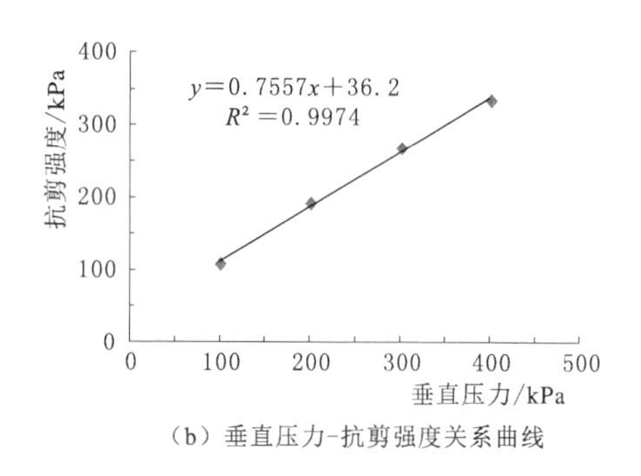

（b）垂直压力-抗剪强度关系曲线

图 6.11 B2 土石混合料的直剪试验结果

（a）土料拌和情况

（b）土料装填情况

图 6.12 B3 土石混合料的装样情况

垂直压力下峰值均比 B2 混合料右移。与 B1、B2 混合料类似，高垂直压力下 B3 混合料的剪应力-水平位移曲线也表现出应变软化现象，曲线在峰值过后大体趋于水平。受颗粒粒径降低及 B 系列土石料大部分粒径较为均一等特点的影响，剪应力-水平位移曲线的局部错动现象明显降低，曲线基本顺滑。图 6.13（b）显示 B3 混合料内摩擦角为 36.8°，黏聚力为 31.2kPa。

缺失中间粒径的 C1 土石混合料的装样情况见图 6.14，直剪试验结果见图 6.15。对比图 6.15（a）可以看出，由于 P_5 含量较小，块石与块石之间难以发

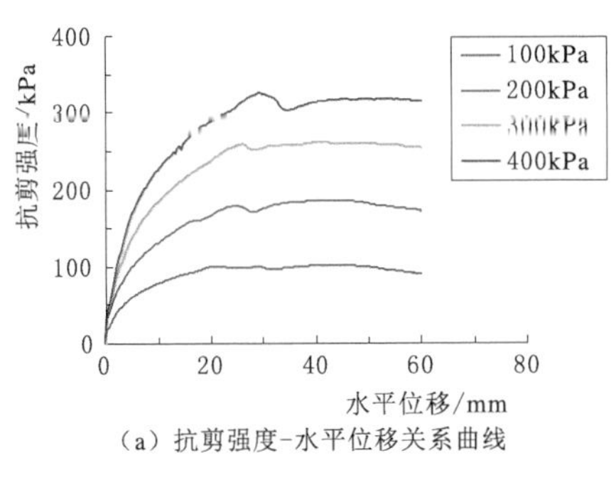

(a) 抗剪强度-水平位移关系曲线

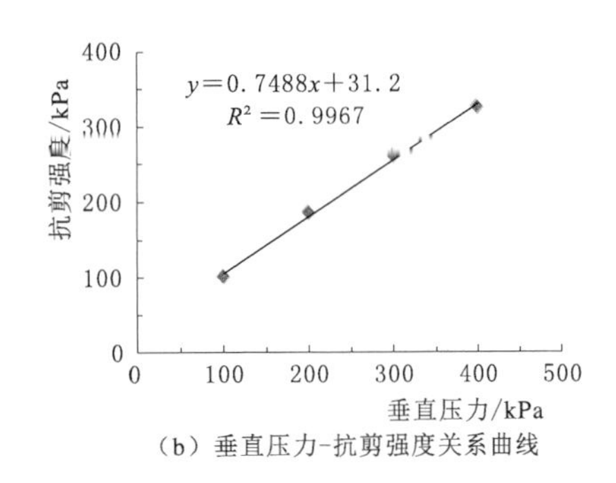

(b) 垂直压力-抗剪强度关系曲线

图 6.13　B3 土石混合料的直剪试验结果

生相互影响，试样的变形特征主要取决于土体，导致整体强度较低，垂直压力400kPa对应的峰值强度约为270.7kPa。100kPa垂直压力下，C1混合料的峰值出现较早，在剪切位移10mm左右，随着垂直压力的增大，峰值出现的位置也大体上呈现向右移动趋势，400kPa垂直压力下C1混合料的峰值出现在剪切位移13mm左右。另外，剪应力-水平位移曲线也表现出应变软化现象，C1混合料曲线在峰值过后大体趋于水平。图6.15b显示C1混合料内摩擦角为29.8°，黏聚力为44.8kPa。

(a) 土料拌和情况

(b) 土料装填情况

图 6.14　C1 土石混合料的装样情况

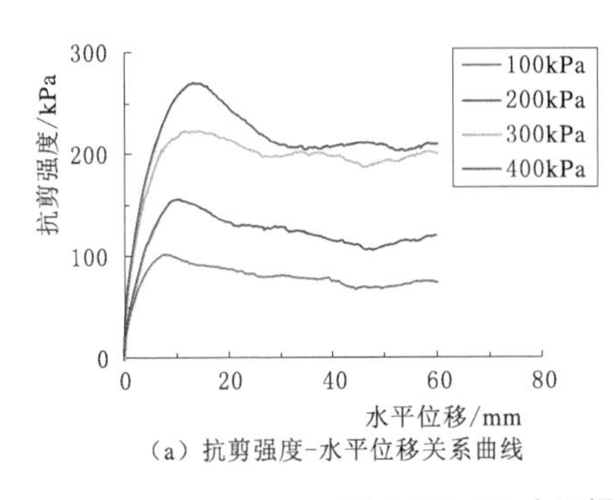

(a) 抗剪强度-水平位移关系曲线

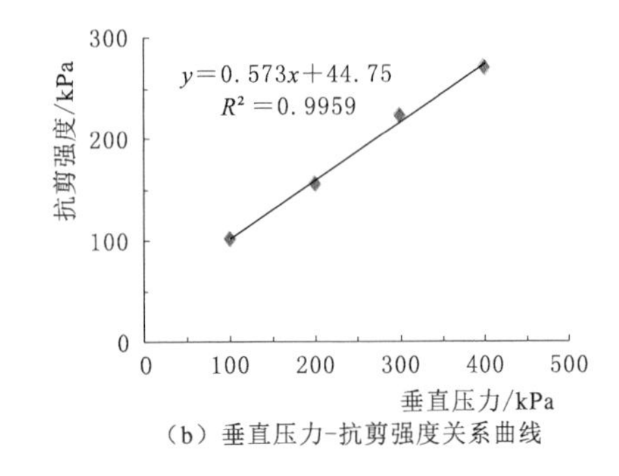

(b) 垂直压力-抗剪强度关系曲线

图 6.15　C2 土石混合料的直剪试验结果

C2 土石混合料装样情况见图 6.16，直剪试验结果见图 6.17。对比图 6.17（a）可以看出，随着 P_5 含量增大，抗剪强度-位移关系曲线的峰值也进一步增加。试样的变形特征开始取决于土体与石块的共同作用，整体强度得到了提高。100kPa 垂直压力下，C2 混合料的峰值出现较早，在剪切位移 13mm 左右，随着垂直压力的增大，峰值出现的位置也大体上呈现向右移动趋势，400kPa 垂直压力下 C2 混合料的峰值出现在剪切位移 13mm 左右。剪应力-水平位移曲线也表现出应变软化现象，曲线在峰值过后大体趋于水平。图 6.17（b）显示 C2 混合料内摩擦角为 36°，比 C1 混合料增加了 6.2°，黏聚力为 118.9kPa。

（a）土料拌和情况

（b）土料装填情况

图 6.16 C2 土石混合料的装样情况

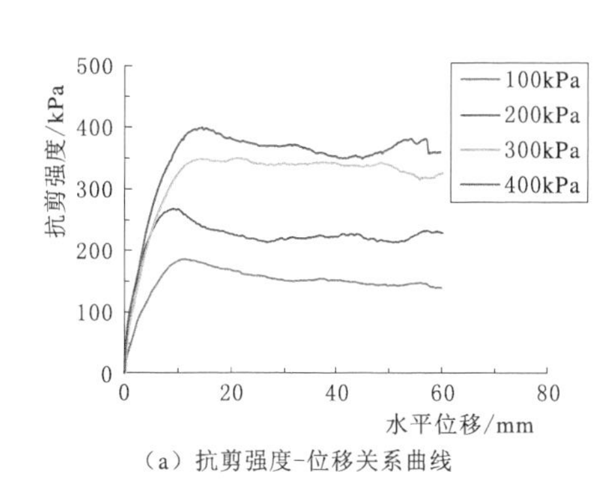

（a）抗剪强度-位移关系曲线

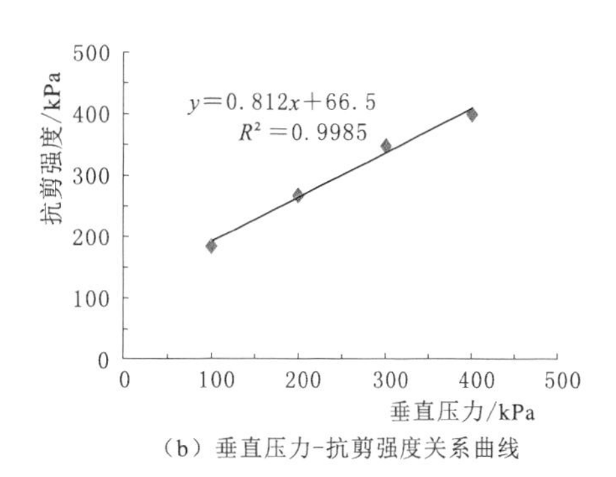

（b）垂直压力-抗剪强度关系曲线

图 6.17 C2 土石混合料的直剪试验结果

C3 土石混合料装样情况见图 6.18，直剪试验结果见图 6.19。与图 6.15（a）及图 6.17（a）相比可以看出，随着 P_5 含量进一步增大，抗剪强度-位移关系曲线的峰值也进一步增加。由于剪切过程中块石与块石接触更为紧密，形成了土石料的骨架，试样的变形特征开始由 C2 混合料中的土体与石块共同作用转变为块石间的作用，土体起到了在部分块石中填充的作用，整体强度得到进一步提高。100kPa 垂直压力下，C2 混合料的峰值出现较早，在剪切位移 17mm 左右，随着垂直压力的增大，峰值出现的位置也大体上呈现向右移动的趋势，400kPa 垂直压力下 C3 混合料的峰值出现在剪切位移 20mm 左右。剪应力-水平位移曲线同样表现出应变软化现象，曲线在峰值过后大体趋于水平。图 6.19（b）显示 C3 混合料内摩擦角为 39.1°，比 C2 混合料增加了 3.1°，也比 C1 混合料增加了 9.3°，黏聚力为 66.5kPa。

（a）土料拌和情况

（b）土料装填情况

图 6.18　C3 土石混合料的装样情况

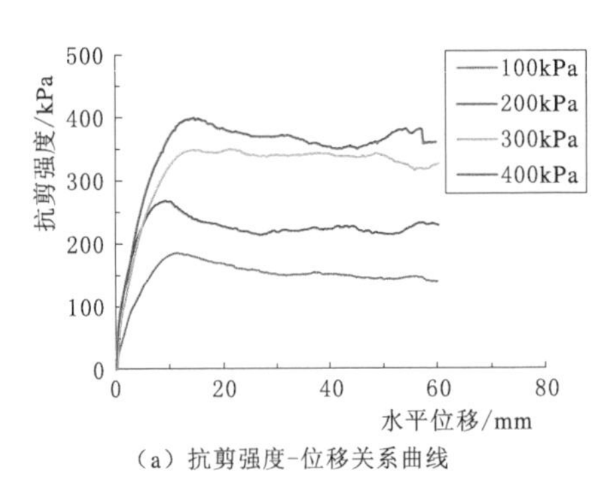

（a）抗剪强度-位移关系曲线

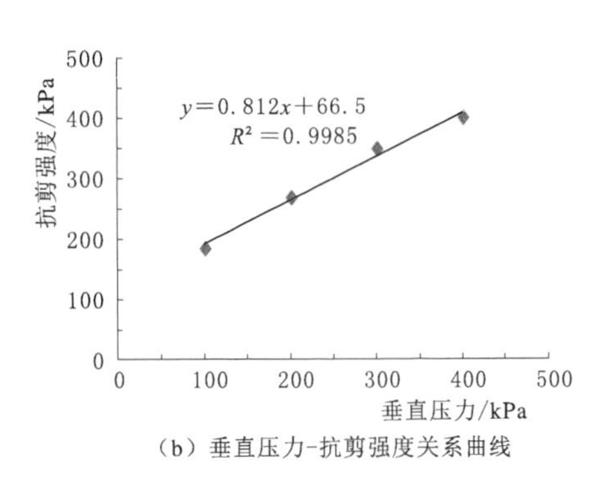

（b）垂直压力-抗剪强度关系曲线

图 6.19　C3 土石混合料的直剪试验结果

6.1.2.2　试验结果分析

从图 6.20 中直剪试验抗剪强度-垂直压力关系曲线统计的强度包络线可以看出，良好级配的 A 土石混合料强度最高，其抗剪强度包络线在 7 个设计级配中最靠上。从表 6.5 中可以看出，粒径较为均一的 B 系列土石混合料的抗剪强度随着粒径的减小而依次降低；C 系列缺失中间粒径土石混合料由于密度大，压缩性较小，抗剪强度也随着 P_5 含量增大而增大，P_5 含量最高的 C3 土石混合料

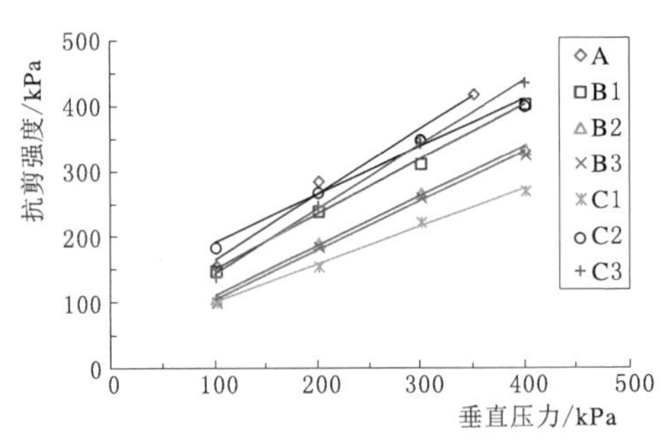

图 6.20　直剪试验抗剪强度-垂直压力关系曲线统计

的抗剪强度最高，抗剪强度在这7条设计颗分曲线直剪试验结果中仅次于良好级配A类土石混合料。

表6.5　抗剪强度试验结果统计

抗剪强度指标	设计试样						
	A	B1	B2	B3	C1	C2	C3
c/kPa	66.5	67.4	36.2	31.2	44.8	118.9	66.5
φ/(°)	44.8	39.9	37.1	36.8	29.8	36	39.1

6.2 剪切机理及其分量

6.2.1 基本假定

从山区机场高填方施工的现场调查情况及第2章对填筑土石混合料的分析中可以看出，山区机场填料大多为爆破开山所得，条柱状粗粒料含量很少，粗粒含量偏高；岩石性质普遍坚硬，力学强度高。因此，对土石混合料剪切机理分析中，只针对硬岩。另外，对比第5章不同垂直压力下直剪试验 PFC^{2D} 数值模拟结果可以看出，峰前、峰值、峰后及残余四个状态中，土石颗粒中主要剪切滑带的范围基本为两倍最大粒径，即滑动范围 $C \leqslant 2d_{max}$。

综合工程现场调查及室内试验情况，对剪切机理研究中土石混合料做如下基本假定：

(1) 颗粒材料为硬岩，本身不能剪断，颗粒破碎只发生在棱角。

(2) 颗粒形状为石类非条柱状，长细比不超过1∶1.5。

(3) 颗粒材料在剪切过程中不考虑压缩变形。

(4) 剪切破坏为瞬间完成。

(5) 滑动范围 $C \leqslant 2d_{max}$。

6.2.2 剪切机理

土石混合料块石强度及其所占比例（Xu等，2011）、级配组成以及细粒物质组成等因素在很大程度上影响着土石混合料的物理力学性质，尤其是抗剪强度特征。

尽管单个块石颗粒本身强度较高，但土石混合料的抗剪强度不单取决于颗粒自身强度，还与颗粒之间的摩擦力有关（郭庆国，1996）。剪切开始前，土石混合料的颗粒组成及理论剪切面见图6.21，施加一定的垂直压力 N 后，理论上剪切应该沿着单一直面（A-A面）进行；但在真实的剪切破坏过程中并不是剪破剪切面上所有的颗粒，而是颗粒间发生相对位移，即滑动和滚动。剪切过程中，土石颗粒的实际剪切带如图6.22中A′-A′所示。随着剪切位移的增加，土石混合料试样变形与土颗粒和块石颗粒自身变形有关，还与土颗粒与块石间、块石与块石之间相对位置的变化有关。较高垂直压力下，剪切重排效应增强，即颗粒之间的咬合力也得以增强（屈智炯等，2002）。中软岩接触点压力增加还会引起部分颗粒破碎，且围压越高，颗粒破碎的数量就越多，尤其在剪切带上的颗粒材料更易破碎（Ma等，2015）。

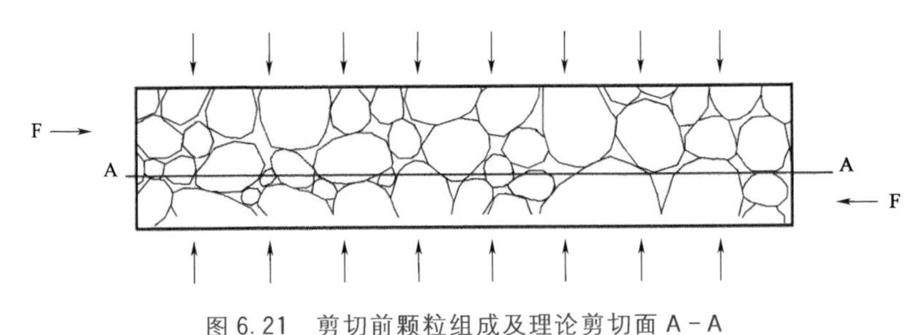

图6.21　剪切前颗粒组成及理论剪切面A-A

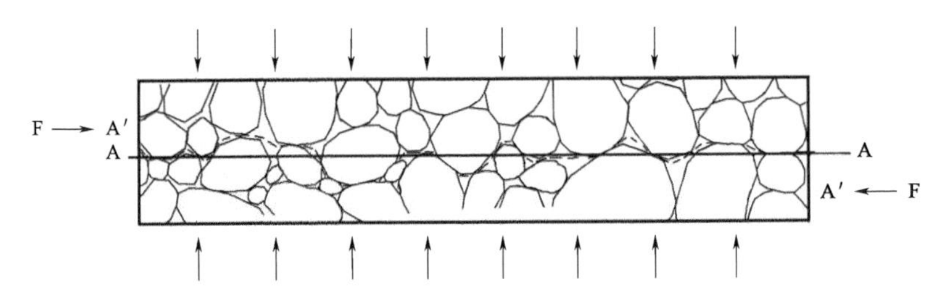

图6.22　剪切过程中颗粒旋转滑移及实际剪切面A′-A′

剪切过程中，不同垂直压力N作用下，土石混合料表现出不同的剪胀特性。低垂直压力下，土石混合料颗粒在剪应力作用下，由于正应力较小，没有足够的能量促使颗粒填充土石混合料剪切产生的孔隙，会出现剪胀现象。这种情况下，土石混合料抗剪强度是由于抵抗周围应力、消耗能量而产生剪胀后发展的强度；中等应力作用下，由于颗粒填充剪切产生的孔隙，导致土石混合料颗粒在剪切开始阶段出现剪缩，当填充到一定程度不能继续提供这种能量时，混合料开始出现剪胀；高垂直压力情况下，整个剪切过程中正压应力提供的能量均在不断填充由于剪切出现的新孔隙，随剪切面扩大，剪缩率也就相应提高，剪胀作用消失，颗粒破碎和重新排列效应得以增强。

对土石混合料开展的大型室内直剪试验表明，颗粒运动情况与粒径和形状有关。土石混合料在剪切过程中，粒径较大的块石在剪切面（带）移动和偏转，粒径较小的颗粒多发生滚动，颗粒在剪切面或剪切带的旋转重排会产生咬合嵌入力，成为剪切滑动阻力的一部分，表现在土石混合料抗剪强度中即是咬合抗剪强度分量，这也是导致土石混合料直剪过程中出现体变的原因。

机场高填方土石混合料多为开山爆破而成，块石表面粗糙，摩擦系数较大。剪切开始后，颗粒之间接触面粗糙不平会产生摩擦阻力，表现在土石混合料抗剪强度中即是摩擦抗剪强度分量。

土石混合料是大小不等彼此填充的散粒体，剪切过程中颗粒之间的点接触在局部较高压力作用下会发生一定的剪切破碎现象，同等情况下，形状越不规则，破碎就越厉害；颗粒破碎率越高，强度降低就越明显。这里颗粒破碎指的是棱角破碎，不是颗粒剪断。直剪试验中，为了减少刚性剪切盒对试样颗粒在剪切破坏时移动的约束，对开缝宽度和最大试验粒径［《土工试验方法标准》（GB/T 50123—2019）中规定 D/d_{max} 的比值为 8～12，H/d_{max} 为 4～8，其中 D 为直剪盒的长度，d_{max} 为最大颗粒粒径，H 为直剪盒的高度］进行了限制，试验完成后，剪切面（带）上的破碎现象并不明显。换言之，由颗粒破碎产生的剪切阻力分量所占材料抗剪强度的比例很小。

可以看出，土石混合料中的剪切阻力主要由咬合力、摩擦力及破碎力 3 个分量形成。与之相对应，土石混合料抗剪强度也由上述 3 个抗剪强度分量共同构成，以公式描述如下：

$$\tau=\tau_{咬合}+\tau_{摩擦}+\tau_{破碎} \tag{6.2}$$

式中：τ 为试验抗剪强度；$\tau_{咬合}$ 为咬合抗剪强度分量；$\tau_{摩擦}$ 为摩擦抗剪强度分量；$\tau_{破碎}$ 为破碎抗剪强度分量。

$\tau_{咬合}$ 是在剪切荷载作用下，大颗粒在剪切面或剪切带发生旋转重排运动，细小颗粒则翻转并填充附近大颗粒间的孔隙，对于机场高填方中常见的密实土石混合料，多是翻越临近颗粒，出现剪胀变形，克服剪胀变形做功的这部分力即是咬合力。剪切位移不断增加的过程中，咬合力作用下的颗粒会从低势能状态转变为高势能状态，并消耗能量，表现在土石混合料抗剪强度中即是咬合抗剪强度分量。$\tau_{摩擦}$ 是颗粒受外力作用后，土石混合料的内部应力发生变化，颗粒在剪切面或剪切带发生滑移运动过程中，由于表面粗糙而形成摩擦阻力，宏观上即为土石混合料的摩擦抗剪强度分量。$\tau_{破碎}$ 是颗粒在较高应力作用下，由于接触点局部压力增加而导致的部分颗粒棱角破碎折断，并重新排列和定向排列，由颗粒破碎产生的抗剪强度分量即是破碎抗剪强度分量。

在本章基本假定中，假定土石混合料为硬岩，主要考虑开山爆破形成的机场高填方土石混合料中大颗粒块石一般新鲜坚硬；对比剪切前后的颗粒组成表明土石混合料剪切过程中不易破碎，颗粒错动基本都分布在上下剪切盒中间的一定范围内，滑动范围 $C\leqslant 2d_{max}$，只是剪切带内的颗粒才发生较大的剪切位移和较大的起伏变形。因此，由棱角破碎形成的破碎抗剪强度分量也会很小，可以认为这部分抗剪强度不足总抗剪强度的10%。

从室内大直剪试验及数值模拟来看，土石混合料的抗剪强度主要由咬合抗剪强度分量和摩擦抗剪强度分量构成。剪切开始后，由于土石混合料中硬岩颗粒很难发生变形，起始阶段的能量以颗粒间的摩擦能为主，随着剪切位移逐渐增大，剪切带形状起伏变化，剪切带中颗粒开始出现挤压、滑动、翻滚和填充，颗粒间相互咬合情况逐渐增多，并存储和释放应变能，该过程中剪应力明显增加至峰值后，剪切破坏面出现。整个剪切过程中，土石混合料颗粒之间的咬合力和摩擦力提供了抗剪强度的主要部分。对比刘斯宏（2016）的直剪试验结果可以看出，颗粒形状规则、表面光滑的玻璃球，内摩擦角仅18°，而颗粒形状存在明显差异、表面粗糙的粗颗粒材料，其摩擦角可达46°，说明材料颗粒形状越不规则、颗粒表面越粗糙，咬合力和摩擦力提供的剪切阻力就越大，这也表明了剪切过程中提供抗剪阻力的主要是颗粒之间的咬合力和摩擦力。由于土石混合料破碎抗剪强度分量很小，由咬合力和摩擦力提供的这部分抗剪强度可占总抗剪强度的90%以上。

6.3　级配特征与强度的关系

6.3.1　剪切弱面及一致性剪切原理

6.3.1.1　剪切弱面原理

在滑坡极限稳定分析研究中，潘家铮（1980）提出两条基本原理，即①最小值原理，滑坡体如能沿许多个滑面滑动，则失稳时它将沿抵抗力最小的一个滑面破坏；②最大值原理，滑坡体的滑面肯定时，则滑面上的反力（以及滑坡体内的内力）能自行调整，以发挥最大的抗滑能力。

相应于室内大型直剪试验，在一定的垂直压力作用下，土石混合料试样在剪切过程中也可能存在多个不同的剪切面，真正的破坏面（剪切带）将是其中安全系数最小的那个破坏面（剪切带），而在同一剪切面上各种不同的反力分布中，试样剪切破坏时真正出现的反力，将是使抗剪强度取最大值的那一组分布。

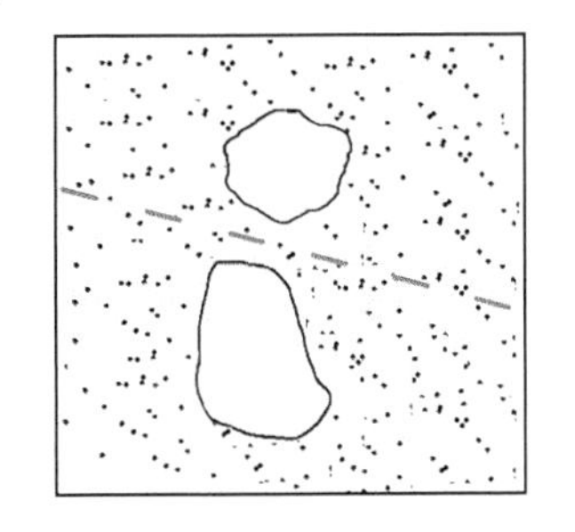

图6.23　细颗粒占主体则剪切面基本不与大颗粒相交

6.3.1.2　弱面一致性剪切原理

当块石含量小于30%时（图6.23），对于不同级配类型的土石混合料剪切试样，随着剪切位移的增加，其剪切面一致。由于块石含量小于30%，尽管级配不同，但土石混合料试样中细颗粒占主体，剪切面上大多是细颗粒。由于粗颗粒含量少，剪切过程中也不会发生粗颗粒之间的咬合和错动；在如此低的含量下，剪切过程中粗粒料相互咬合和剪胀对试样剪切强度的贡献是很小的，土体抗剪强度主要由细颗粒承担，剪切面基本不与大颗粒相交，剪切面保持一致。

6.3.2 土石混合料粒组特征分类

机场高填方填筑料多为就地取材，山体爆破后形成填料的粒组组成及剪切力学性质变化均较大，土石混合料中各粒组含量不同，剪切过程中剪切面与粗颗粒（即粒径大于 5mm 的颗粒）相交情况也大不相同。

土石混合料在剪切过程中，细观上看，对于含石量小于 30%的土石混合料，粗颗粒含量少且被细料包裹。从图 6.24（a）中可以看出含石量小于 30%时，由于土石混合料中细颗粒占主体，剪切面上大多是细颗粒，由于粗颗粒含量少，剪切过程中也不会发生粗颗粒之间的咬合和错动，剪切面也基本不与大颗粒相交；图 6.24（b）中，当含石量增大至 30%～70%，粗颗粒开始起骨架作用，粗细颗粒彼此开始充填，剪切开始后，土石混合料中的大颗粒开始发生错动和部分填充，剪切面会与部分大颗粒相交；图 6.24（c）中，随着含石量的进一步增加，细料含量明显减少，细颗粒不能填满孔隙，粗颗粒起主要骨架作用，细颗粒只起部分影响作用，剪切过程中剪切带上大粒径的块石分布密集，剪切变形随着块石咬合力的急剧上升，抗剪强度明显提高，为适应新的应力和变形状态，剪切带中块石垂直方向位移和旋转变形调整均较为明显，随着剪切位移的增加，土石混合料剪切带内部颗粒不断发生改变，剪切面主要与大颗粒相交。

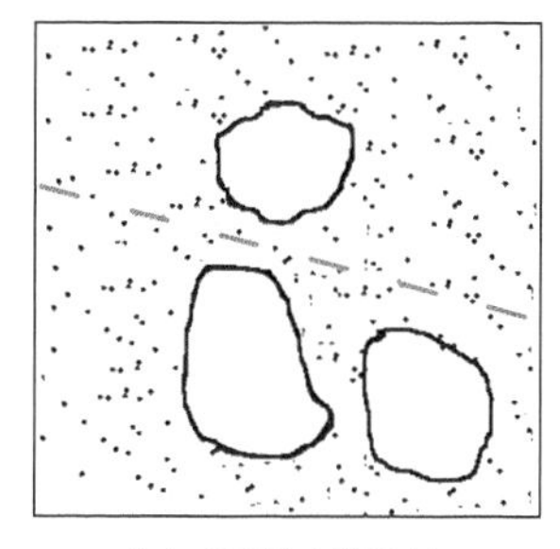
（a）含石量小于30%

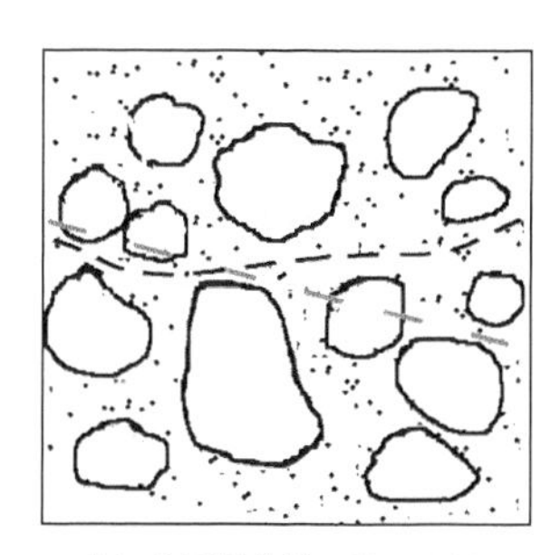
（b）含石量介于30%～70%

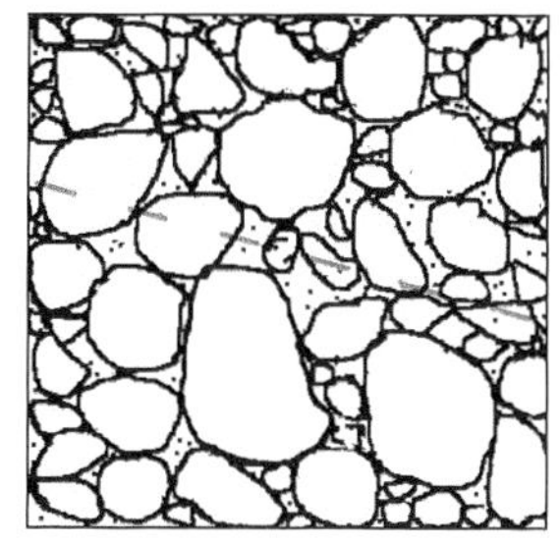
（c）含石量大于70%

图 6.24 土石混合料中不同含石量粒组组成情况

6.3.3 土石混合料粒组特征和强度关系

6.3.3.1 试验结果验证

为分析不同级配中 P_5 含量（大于 5mm 的粗颗粒含量）对内摩擦角的影响，

将C类试样、金坪子滑坡（左永振等，2011）及王江营等（2013）试验结果对比见表6.6和图6.25。

表6.6　　土石混合料P_5含量与内摩擦角统计

指标	C类试样			金坪子滑坡					王江营等（2013）			
	C1	C2	C3	级配1	级配2	级配3	级配4	级配5	级配1	级配2	级配3	级配4
P_5/%	23.73	47.40	75.09	50.89	58.50	66.16	74.00	82.17	25.00	40.00	55.00	70.00
内摩擦角φ/(°)	29.8	36	39.1	38	38.4	38.9	39.2	39.4	32.19	35.82	40.97	43.16

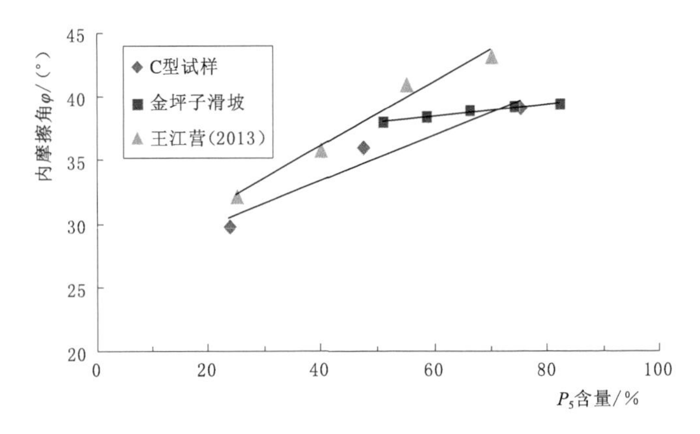

图6.25　土石混合料内摩擦角与P_5含量关系曲线

对比土石混合料各剪切试验结果可以看出，随着P_5含量的增加，内摩擦角不断增加，试验结论与Wang等（2013）、Miller和Sowers（1957）、Holtz和Gibbs（1956）及黄斌等（2012）的研究成果一致。

对比粒径较为均一的B1～B3、缺失中间粒径的C1～C3、金坪子滑坡（左永振等，2011）及王江营等（2013）土石混合料的剪切试验结果（表6.7、表6.8和图6.26）可以看出，随着中间粒径d_{50}的增加，土石混合料的内摩擦角也在不断增加。

表6.7　　B类和C类土石混合料d_{50}与内摩擦角统计

指标	设计试样					
	B1	B2	B3	C1	C2	C3
d_{50}/mm	2.3	0.69	0.35	0.18	0.48	14
内摩擦角φ/(°)	39.9	37.1	36.8	29.8	36	39.1

表 6.8 金坪子滑坡及王江营（2013）试验结果中 d_{50} 与内摩擦角统计

指 标	金坪子滑坡					王江营（2013）			
	级配 1	级配 2	级配 3	级配 4	级配 5	级配 1	级配 2	级配 3	级配 4
d_{50}/mm	5.3	7.1	11	13	17	2.5	3.8	5.7	7.7
内摩擦角 φ/(°)	38	38.4	38.9	39.2	39.4	32.19	35.82	40.97	43.16

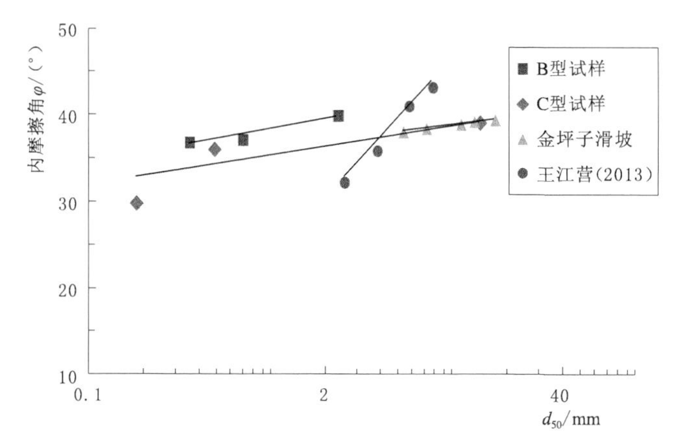

图 6.26 土石混合料内摩擦角与中间粒径 d_{50} 关系曲线

从表 6.9、表 6.10 和图 6.27 中可以看出，与土石混合料内摩擦角与连续粒径 d_{50} 的关系曲线类似，缺失中间粒径的 C1～C3 土石混合料，粒径较为均一的 B1～B3、金坪子滑坡（左永振等，2011）及王江营等（2013）土石混合料中的内摩擦角也随着连续粒径 d_{30} 的增加而增加。

表 6.9 B 类和 C 类土石混合料 d_{30} 与内摩擦角统计

指 标	设计试样					
	B1	B2	B3	C1	C2	C3
d_{30}/mm	1.65	0.59	0.28	0.14	0.18	9.8
内摩擦角 φ/(°)	39.9	37.1	36.8	29.8	36	39.1

表 6.10 金坪子滑坡及王江营（2013）试验成果中 d_{30} 与内摩擦角统计

指 标	金坪子滑坡					王江营（2013）			
	级配 1	级配 2	级配 3	级配 4	级配 5	级配 1	级配 2	级配 3	级配 4
d_{30}/mm	1.4	2.2	3.6	6.2	9.2	0.9	1.8	2.9	5.1
内摩擦角 φ/(°)	38	38.4	38.9	39.2	39.4	32.19	35.82	40.97	43.16

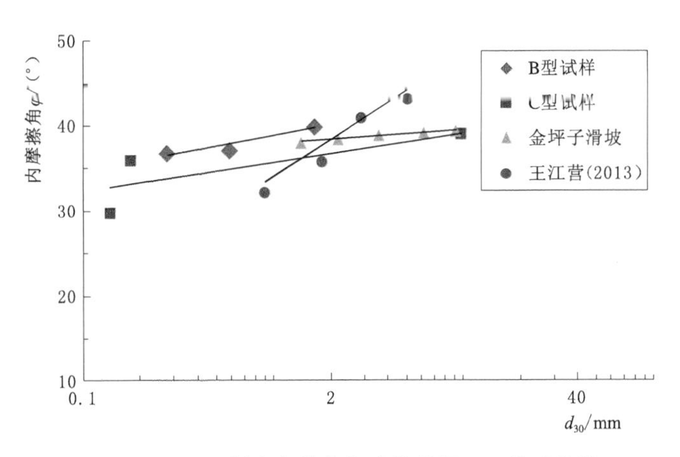

图6.27　土石料内摩擦角与连续粒径 d_{30} 关系曲线

土石混合料是由大小不同、性质不一的颗粒相互充填组成的散粒体，虽然单个颗粒本身强度较高，但土石混合料的抗剪强度不单单取决于颗粒自身强度，更主要的还与不同粒组颗粒之间的摩擦力和咬合力等有关。按以往研究成果（郭庆国，1996），将粒径大于5mm颗粒划分为石类。对比图6.25可以看出，由于C1土石混合料中含石量仅为23.73%，小于30%，试样中粗颗粒含量少且被细料包裹，细颗粒占主体，剪切面上大多是细颗粒，剪切过程中也不会发生粗颗粒之间的咬合和错动，剪切面也基本不与大颗粒相交，试验结果的内摩擦角为仅为29.8°；C2混合料中含石量增大至47.4%，位于30%～70%，剪切过程中，试样中的粗颗粒开始起骨架作用，粗细颗粒开始彼此充填，随着剪切的增加，土石混合料中的大颗粒开始发生错动和部分填充，剪切面会与部分大颗粒相交，导致抗剪强度进一增大，试验结果中内摩擦角达到36°；C3混合料中，随着含石量的进一步增加，细料含量明显减少，细颗粒不能填满孔隙，粗颗粒起主要骨架作用，细颗粒只起部分影响作用，剪切过程中剪切带上大粒径的块石分布密集，剪切变形随着块石咬合力的急剧上升，抗剪强度明显提高，试验结果中内摩擦角为C类三种试样中的最大，达到39.1°，王江营等（2013）得出的土石混合料直剪试验结果也与此类似。说明土石混合料中粒组特性，尤其是粗颗粒含量的多少对抗剪强度有明显的影响。

对比直剪试验结果（表6.5）还可以看出，在不考虑颗粒本身的压缩情况下，B类和C类混合料直剪试验结果中的内摩擦角均随着连续粒径 d_{30} 和中间粒径 d_{50} 的增大而增加；特别的，由于图6.6中B类试样颗分曲线在形式上近乎相互平行，直剪试验结果中内摩擦角随着中间粒径的增大而增加，这也与Sitharam和Nimbkar（2000）、左永振等（2011）及王江营等（2013）对不同颗分曲线相互平行的试样进行的离散元数值模拟结果一致。

上述试验说明，相同类别各土石混合料直剪试样中粒组组成直接影响着土石混合料的抗剪强度指标。

6.3.3.2 理论验证

从第2章中机场高填方土石混合料特征分析中可以看出，填筑料一般由粒组性质复杂、级配形式多样的离散土石颗粒组成。宏观上，由于高填方填筑料大多为就地取材的土石混合料，堆积形成和剪切破坏的过程中会形成复杂的填筑体结构；微观上，颗粒本身细观特性（如颗粒大小、颗粒形状和颗粒间摩擦）的差异和变化，在剪切过程中均会对其宏观力学行为造成重要影响，导致土石混合料颗粒的力学行为和力学性质相当复杂。

土石混合料剪切过程中，颗粒大小对临界状态摩擦角的影响主要体现在剪切面（带）上的颗粒相互滑动和滚动，一个颗粒跨越另外一个颗粒时需要克服摩擦力做功，颗粒大小不同将导致做功路径和摩擦耗能不同，为进一步分析直剪试样中颗粒粒径大小对其抗剪强度的影响机制，戴北冰等（2010）提出两颗粒间相互滑动的功能模型，如图6.26所示。

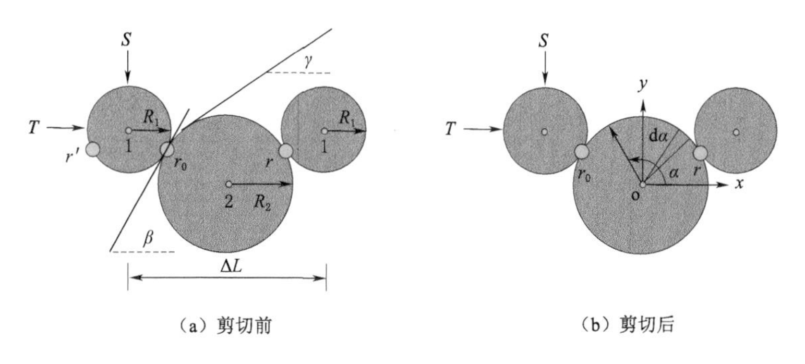

图6.28 直剪试验细观颗粒滑动功能模型

与本章基本假定相同，滑动功能模型假定颗粒形状为圆球状。图6.28（a）中S为一恒定的法向荷载；T为剪切推力；R_1和R_2分别为颗粒1和颗粒2的半径；剪切时颗粒1从颗粒2的左边滑动到颗粒2的右边，滑动路径关于颗粒2的中轴线（y轴）对称；β为颗粒1与颗粒2在初始状态时接触面的水平倾角；在颗粒1滑动路径r_0r范围内，颗粒1滑动至任意角度时接触面的水平倾角为γ；α为在图6.28（b）坐标系下，颗粒1沿滑动路径r_0r滑动到任意位置时与x轴夹角。

在水平位移增量ΔL内，剪切推力T做的功与内摩擦力Δf做的功相等，可表示为

$$W_T=\int \Delta f \mathrm{d}s \tag{6.3}$$

式中：$\mathrm{d}s$为颗粒1在图6.26（b）中与滑动了微小角度增量$\mathrm{d}\alpha$对应的相对位移

增量，可表示为

$$ds=ds_1+ds_2=R_1 d\alpha+R_2 d\alpha=(R_1+R_2)d\alpha \tag{6.4}$$

内摩擦力 Δf 可表示为

$$\Delta f_1=\frac{\tan\varphi_\mu S}{\cos\gamma-\tan\varphi_\mu \sin\gamma}\quad\left(\alpha>\frac{\pi}{2}\right) \tag{6.5}$$

$$\Delta f_2=\frac{\tan\varphi_\mu S}{\cos\gamma+\tan\varphi_\mu \sin\gamma}\quad\left(\alpha\leqslant\frac{\pi}{2}\right) \tag{6.6}$$

式中：φ_μ 为颗粒间滑动摩擦角，α 与 γ 关系可表示为

$$\gamma=\alpha-\frac{\pi}{2}\quad\left(\alpha>\frac{\pi}{2}\right) \tag{6.7}$$

$$\gamma=\frac{\pi}{2}-\alpha\quad\left(\alpha\leqslant\frac{\pi}{2}\right) \tag{6.8}$$

将式（6.6）和式（6.7）代入式（6.4）和式（6.5）得

$$\Delta f_1=\Delta f_2=\Delta f=\frac{\tan\varphi_\mu S}{\sin\alpha+\tan\varphi_\mu \cos\alpha} \tag{6.9}$$

同理，α 与 β 的关系可表示为

$$\beta=\alpha-\frac{\pi}{2}\quad\left(\alpha>\frac{\pi}{2}\right) \tag{6.10}$$

$$\beta=\frac{\pi}{2}-\alpha\quad\left(\alpha\leqslant\frac{\pi}{2}\right) \tag{6.11}$$

由此，式（6.2）的积分范围为 $\frac{\pi}{2}-\beta$ 到 $\frac{\pi}{2}+\beta$，将式（6.3）和式（6.8）代入式（6.2）得

$$W_T=\int_{\frac{\pi}{2}-\beta}^{\frac{\pi}{2}+\beta}\frac{\tan\varphi_\mu S}{\sin\alpha+\tan\varphi_\mu \cos\alpha}(R_1+R_2)d\alpha \tag{6.12}$$

进而求得剪切推力 T 在整个剪切滑动过程中所做的功为

$$W_T=S(R_1+R_2)\sin\varphi_\mu \text{In}\left[\frac{\tan\left(\frac{\pi}{4}+\frac{\beta}{2}+\frac{\varphi_\mu}{2}\right)}{\tan\left(\frac{\pi}{4}-\frac{\beta}{2}+\frac{\varphi_\mu}{2}\right)}\right] \tag{6.13}$$

可以看出，由于颗粒1滑动路径与颗粒2的中轴线对称，法向荷载 S 在整个滑动过程中不做功，在细观上符合宏观临界状态的定义。剪切过程中，剪切力 T 所做的功与颗粒大小 R_1 和 R_2 之和成正比。也就是颗粒越大，剪切克服摩擦需要做的功就越多，试样抗剪强度就越大，故临界状态摩擦角会随着粒径的增大而增大，这解释了本章剪切试验结果中土石混合料的抗剪强度随含石量增加而增加的原因，也与剪切试验结论分析一致。

从式（6.13）中还可以看出，若最大粒径粒组在试样中含量较小，且土石混合料整体粒径逐渐减小的情况下，剪切开始后，随着剪切位移的增加，试样中剪切面（带）上某一个颗粒在跨越另一个颗粒时克服摩擦做的功就会相应减小，做功路径的弧度也会逐渐减小并向直线逼近。在该情况下，对于不同级配类型的土石混合料剪切试样，随着剪切位移的增加，剪切面就会保持一致。若粒径极小，粒径有限变化对临界状态摩擦角影响不大，分析结果与本章6.3.1节中弱面一致性原理相符。

第7章 结 论

本书以机场高填方为研究背景，结合土石混合料具体特点，以工程现场调查、勘查报告、设计与试验段资料分析为基础，将土石混合料物理力学试验与数值模拟有机结合，开展机场高填方典型土石混合料的剪切机理及强度特性问题研究，主要结论如下：

（1）系统收集和整理了多座机场高填方填筑料和场地地基土料颗分曲线，岩性类土石混合料是目前机场高填方工程填料的主体，尤其以中砾、细砾及碎石等粒组含量居多，且单独建立 $C_u-\varphi$ 及 $C_c-\varphi$ 的关系曲线显示 C_u 和 C_c 与强度之间并无明显的相关关系。填筑料颗粒粒度普遍变化大，不良级配颗分曲线约占总数的59%，各个机场基本上均有不良级配填筑料存在。

（2）土石混合料颗分曲线可划分为粒组分布连续的Ⅰ类颗分曲线和粒组分布间断的Ⅱ类颗分曲线两种类型。通过筛析试验得到土石混合料颗分曲线不能完整连续地表述其级配特性及曲线形态，仅控制颗分曲线的不均匀系数 C_u 和曲率系数 C_c 不变，颗分曲线并不唯一。采用双峰及多峰级配方程来定量研究和表述机场高填方土石混合料级配对相关力学性质的影响方面具有明显的优越性和广泛的适用性，为复杂级配土石填筑体的宏观物理力学特性的合理表述提供了新的研究思路。

（3）土石混合料的粒组组成对最大孔隙比和最小孔隙比均有重要影响，级配良好情况下，自由堆积和振动密实过程中粗细颗粒互相紧密接触、填充密实，较易获得较高密实度和稳定的土体骨架，与其他级配类型的土料相比，其最大和最小孔隙比均接近最小。粒径较为均一的土石混合料试样，由于粒径范围相对较小，该型各土料的最大和最小孔隙比均较为接近。缺失中间粒径的土石混合料试样，若粗颗粒含量低，其最大和最小孔隙比就较高，试样相对松散；随着大颗粒数量增加、小颗粒数量减少，试样的最大和最小孔隙比逐渐减小。

（4）开缝宽度对缺失中间粒径的土石混合料抗剪强度有重要影响，细料含量较多情况下，剪切开缝宽度设置为 $1/3d_{max}\sim1/4d_{max}$ 较为合适，当中砾含量大于45%时，采用 $1/2d_{max}$ 开缝宽度更为合适。开缝宽度越大，构成土骨架的颗粒数量越少，剪切带就越靠近上剪切盒。剪切过程中，土石混合料剪切面不是一个平面，试样内部受力也极不均匀，随着剪切位移增加，土骨架上的接触力链和剪切带均不断发生变化。不同开缝宽度情况下，尽管剪切带分布不同，骨架上颗粒法向接触力分布基本上是均匀的，骨架上各个颗粒受力是相对均匀的，骨架颗粒受力与开缝宽度并无明显关系。

（5）决定土石混合料抗剪强度的主要因素是咬合力和摩擦力，破碎抗剪强度分量较小，P_5 含量为30%和70%是两个影响土石混合料剪切特性变化的特征点，试验结果及相应理论推导均表明内摩擦角随 P_5 含量的增加而明显增大。机场高填方设计和施工中应尽量采用良好级配土石混合料，但含砾量较高级配不良土石混合填筑料也具较高的抗剪强度，在就地取材的机场高填方实际工程中也具有较高的应用价值。

参考文献

[1] ALLEN H, 1892. Physical properties of sands and gravels with reference to their use in filtration [J]. 24th Annual Report Massachusetts State Board of Health, p. 539.

[2] AMINI Y, HAMIDI A, 2014. Triaxial shear behavior of a cement - treated sandegravel mixture [J]. Journal of Rock Mechanics and Geotechnical Engineering, 6: 455 - 465.

[3] ANTONY S J, KRUYT, N P, 2009. Role of interparticle friction and particle - scale elasticity in the shear - strength mechanism of threedimensional granular media [J]. Phys. Rev. E: Stat. Nonlinear Soft Matter Phys., 79 (3): 3 - 13.

[4] ARAEI A A , TABATABAEI S H, . RAZEGHI H R, 2012. Cyclic and post - cyclic monotonic behavior of crushed conglomerate rockfill material under dry and saturated conditions [J]. Scientia Iranica, 19 (1): 64 - 76.

[5] ARAEI A A, SOROUSH A, TABATABAEI S H , et al, 2012. Consolidated undrained behavior of gravelly materials [J]. Scientia Iranica, 19 (6): 1391 - 1410.

[6] ASTM D3080/D3080M—11, 2012. Standard test method for direct shear test of soilsunder consolidated drained conditions. West Conshohocken, PA: ASTM International.

[7] ASTM, 2009. Annual Book of Standard [S]. Vol. 04.08, Soil and rock (I), ASTM International, West Conshohocken, PA.

[8] ASTM. D2487—10, 2010. Standard Practice for classification of Soils for Engineering Purposes (Unified Soil Classification Systems) [S]. West Conshohocken. ASTM.

[9] AZÉMA, E, ESTRADA N, RADJAÏ F, 2012. Nonlinear effects of particle shape angularity in sheared granular media [J]. Phys. Rev. E: Stat. Nonlinear Soft Matter Phys., 86 (4): 041301.

[10] BAGHERZADEH - KHALKHALI A, MIRGHASEMI A A, 2009. Numerical and experimental direct shear tests for coarse - grained soils [J]. Particuology, 7: 83 - 91.

[11] BERNAL J D, MASON J , 1960. Co - ordination of randomly packed spheres [J]. Nature, 188: 910 - 911.

[12] BIAREZ J, HICHER P Y, 1997. Influence de la granulométrie et de son évolution par ruptures de grains sur le comportement mécanique de matériaux granulaires [J]. Revue Française de Génie Civil, 1 (4): 607 - 631.

[13] BIGL S R , BERG R L, 1996. Material. Testing and Initial Pavement Design Modeling [J], Minnesota Road Research Project. CRREL Report 96 - 14, U.S. Army Cold Regions Research and Engineering Laboratory, New Hampshire.

[14] CABALAR A F, DULUNDU K, TUNCAY K, 2013. Strength of various sands in triaxial and cyclic direct shear tests [J]. Engineering Geology, 156: 92 - 102.

[15] CAPPER P L, CASSIE W F, 1948, 1953, 1963. The Mechanics of Engineering Soils [M].

1953 & 1963. Second and Forth revised Edition. McGraw - hill book company, Inc.

[16] CASAGRANDE A, 1948. Classification and identification of soils [J]. Transactions of the American Society of Civil Engineers, January, 113 (1): 901 - 930.

[17] CERATO A B,, LUTENEGGER, A J, 2006. Specimen size and scale effects of direct shear box tests of sands [J]. Geotech. Test. J., 29 (6): 507 - 516.

[18] CHANG W J, CHANG C W, ZENG J K, 2014. Liquefaction characteristics of gap - graded gravelly soils in K_0 condition [J]. Soil Dynamics and Earthquake Engineering, 56: 74 - 85.

[19] CHEN J R, KULHAWY F H., 2014. Characteristics and Intercorrelations of Index Properties for Cohesionless Gravelly Soils. Geo - Congress. 2014 Technical Papers: 1 - 13.

[20] CRAIG R F, 1978. Soil Mechanics, Second editon [M]. Van Nostrand Reinhold Company, New York.

[21] CUNDALL P A, STRACK O D L, 1979. The distinct numerical model for granular assemblies [J]. Geotechnique, 29: 47.

[22] DAI B B, 2010. Micromechanical investigation of the behavior of granular materials [D]. Ph. D thesis of the university of Hong Kong. Hong Kong, China.

[23] DONALD W. Taylor, 1948. Fundamentals of Soil Mechanics [M]. John Wiley & Sons, New York.

[24] ENOMOTO T, QURESHI O H, SATO T, et al, 2013. Strength and deformation characteristics and small strain properties of undisturbed gravelly soils [J]. Soils and Foundations, 53 (6): 951 - 965.

[25] FAKHIMI A, HOSSEINPOUR H, 2011. Experimental and numerical study of the effect of an oversize particle on the shear strength of minedrock pile material [J]. Geotech. Test. J., 34 (2): 131 - 138.

[26] FREDLUND D G, XING A, 1994. Equations for the soil - water characteristic curve [J]. Can. Geotech. J., 31: 533 - 546.

[27] FU W, et al, 2015. Using a modified direct shear apparatus to explore gap and size effects on shear resistance of coarse - grained soil [J]. Particuology http://dx.doi.org/10.1016/j.partic.2014.11.013

[28] HAMIDI A, ALIZADEH M, , SOLEIMANI S M, 2009. Effect of particle crushing on shear strength and dilation characteristics of sand - gravel mixtures [J]. Int. J. Civ. Eng., 7 (1): 61 - 71.

[29] HAMIDI A, AZINI E, MASOUDI B, 2014. Impact of gradation on the shear strength - dilation behavior of well graded sand - gravel mixtures [J]. Scientia Iranica, 19 (3): 393 - 402.

[30] HOSSEININIA E S, MIRGHASEMI A A, 2007. Effect of particle breakage on the behavior of simulated angular particle assemblies [J]. China Particuology, 5: 328 - 336.

[31] HOUGH B K, 1957. Basic Soils Engineering. The Ronald press company. New York.

[32] HUANG J Y, XU S L, HU S S, 2014. Influence of particle breakage on the dynamic compression responses of brittle granular materials [J]. Mechanics of Materials, 68: 15 - 28.

[33] HUANG J, XU S, HU S, 2013. Effects of grain size and gradation on the dynamic responses of quartz sands [J]. International Journal of Impact Engineering, 59: 1 - 10.

[34] IRFAN T Y, TANG K Y, 1993. Effect of the coarse fractions on the shear strength of colluvium. GEO Rep. No. 23, Civil Engineering and Development Dept. , Government of the Hong Kong Special Administrative Region, Hong Kong, 48 - 49.

[35] Itasca Consulting Group Inc. , 2002. PFC^{2D} (Particle Flow Code in 2 Dimensions), Minneapolis: ICG.

[36] KARL T, PECK R B , MESRI G, 1948, 1996. Soil Mechanics in Engineering Practice [M]. A Wiley - Interscience Publication, John Wilfy & Sons, Inc. New York.

[37] KHOIRI M, CHANG Y O, TENG F C, 2014. A comprehensive evaluation of strength and modulus parameters of a gravelly cobble deposit for deep excavation analysis [J]. Eng. Geol, 174 (1): 61 - 72.

[38] KIM B S, SHIBUYA S, PARK S W, et al, 2012. Effect of Opening on the Shear Behavior of Granular Materials in Direct Shear Test [J]. KSCE Journal of Civil Engineering, 16 (7): 1132 - 1142.

[39] KIRKPATRICK W M, 1965. Effect of grain size and grading on the shearing behavior of granular materials. Proc. , 6th Int. Conf. on Soil Mechanics and Foundation Engineering, University of Toronto Press, Toronto, 273 - 277.

[40] KOLBUSZEWSKI J, FREDERICK M R, 1963. The significance of particle shape and size on the mechanical behaviour of granular materials. Proc. , 1st Europe Conf. on Soil Mechanics and Foundation Engineering, Deutsche Gesellschaft für Erd - und Grundbau e. V. , Essen, Germany, 253 - 263.

[41] KUMAR K, 2013. Constitutive Modeling of Geomaterials [M]. Estimation of tri - axial behaviour of Pilani soil, using the results of direct shear test as a function of pore water content. 417 - 421.

[42] KUO H P, CHEN Y W, 2008. Determination of state transition of granular materials in a vibrating bed using a novel optical signal analyzing method [J]. Advanced Powder Technology, 19 (1): 61 - 71.

[43] LADE P V, YAMAMURO J A, BOPP P A, 1996. Significance of particle crushing in granular materials. Journal of Geotechnical Engineering [J]. ASCE, 122 (4):309 - 316.

[44] LAMBE T W , WHITMAN R V, 1979. Soil Mechanics. Series in Soil Engineering [M]. John Wiley & Sons, New York.

[45] LAMBE T W , WHITMAN R V, WHITMAN, 1969. Soil Mechanics, SI editon [M]. John Wiley & Sons, New York.

[46] LEE D S, KIM K Y, OH G D, et al, 2009. Shear characteristics of coarse aggregates sourced from quarries [J]. International Journal of Rock Mechanics & Mining Sciences, 46: 210 - 218.

[47] LI X, YU H S, 2010. A microscopic investigation on the deformation mechanism of granular materials with principle stress rotation [J]. Géotechnique, 60 (5): 381 - 394.

[48] LINGS M L, DIETZ M S , 2004. An improved direct shear apparatus for sand [J]. Géotechnique, 54 (4): 245 - 256.

[49] LIU J K, WANG P C, LIU J Y, 2015. Macro - and micro - mechanical characteristics of crushed rock aggregate subjected to direct shearing [J], Transportation Geotechnics, 2: 10 - 19.

[50] LIU S H, 2009. Application of in situ direct shear device to shear strength measurement of rockfill materials [J]. Water Science and Engineering, 2 (3): 48 - 57.

[51] LIU Y J, LI G, YIN Z Y, 2014. Influence of grading on the undrained behavior of granular materials [J]. Comptes Rendus Mecanique, 342: 85 - 95.

[52] LU L S, HSIAU S S , 2008. Mixing in a vibrated granular bed: Diffusive and convective effects [J]. Powder Technology, 184 (1), 31 - 43.

[53] LUO H L, COOPER W L, LU H B, 2014. Effects of particle size and moisture on the compressive behavior of dense Eglin sand under confinement at high strain rates [J]. International Journal of Impact Engineering, 65: 40 - 55.

[54] MA G, ZHOU W, CHANG X L, 2015. Modeling the particle breakage of rockfill materials with the cohesive crack model [J]. Computers and Geotechnics, 61: 132 - 143.

[55] MARCUS M. Truitt, 1983. Soil Mechanics Technology [M]. Prentice - hall, Inc. , Englewood Cliffs, New Jersy 07632.

[56] MATSUOKA H , LIU S H, SUN D, et al, 2001. Development of a new in - situ direct shear test [J]. Geotechnical Testing Journal, 24 (1): 92 - 102.

[57] MATSUOKA H , LIU S H, 1998. Simplified direct box shear test on granular materials and its application to rockfill materials [J]. Soils and Foundations, 38 (4): 275 - 284.

[58] MEANS R E, PARCHER J V, 1964. Physical Properties of Soils, Their determination, interpretation and significance [M]. Constable and Company Limited, London, WC2.

[59] MUIR W D, MAEDA K, 2008. Changing grading of soil: effect on critical state [J]. Acta Geotechnica, 3 (1): 3 - 14.

[60] MURRAY D, FREDLUND D G, FREDLUND and G. W. Wilson, 1997. Prediction of the Soil - Water Characteristic Curve from Grain - Size Distribution and Volume - Mass Properties [J]. 3rd Brazilian Symposium on Unsaturated Soils, Rio de Janeiro, Brazil, April 22 - 25.

[61] MURRAY D. Fredlund, 1999. The role of unsaturated soil property functions in the practice of unsaturated soil mechanics [D]. Ph. D thesis of University of Saskatchewan. Saskatoon, Saskatchewan, Canada.

[62] NAHAZANAN H, CLARKE S, ASADI A, et al, 2013. Effect of inundation on shear strength characteristics of mudstone backfill [J]. Engineering Geology, 158: 48 - 56.

[63] NAKATA Y, HYDE A F L , HYODO M, et al, 1999. A probabilistic approach to sand particle crushing in the triaxial test [J]. Géotechnique, 49 (5): 567 - 583.

[64] OMIDVAR M, ISKANDER M, BLESS S, 2012. Stress - strain behavior of sand at high strain rates [J]. International Journal of Impact Engineering, 49: 192 - 213.

[65] PLUMMER F L, Stanley M D, 1940. Soil mechanics and foundations [M]. Pitmen Publishing Corporation, New York, Chicago.

[66] RAHARDJO H, INDRAWAN I G B, LEONG E C, et al, 2008. Effects of coarse - grained material on hydraulic properties and shear strength of top soil [J]. Engineering

Geology, 101: 165 - 173.

[67] ROBINSON G W, 1951. Soils. Their Origin Constitution and Calssification [M]. Thomas Murby & Co, London.

[68] ROSATOA A D, BLACKMOREB D L, ZHANGA N, et al, 2001. A perspective on vibration - induced size segregation of granular materials [J]. Chemical Engineering Science, 57 (2), 265 - 275.

[69] ROSENAK S, 1963. Soil mechanics [M]. B. T. Batsford Ltd. , London.

[70] ROTHENBURG L, BATHURST R J, 1989. Analytical study of induced anisotropy in idealized granular materials [J]. Géotechnique, 39 (4): 601 - 614.

[71] RÜCKNAGEL J, GÖTZE P, HOFMANN B, et al, 2013. The influence of soil gravel content on compaction behaviour and pre - compression stress. Geoderma, 209 - 210, 226 - 232.

[72] SCOTT R F, 1963. Principles of Soil Mechanics [M]. Addition - Wesley Publishing Company, Inc. Reading Massachusetts.

[73] SHAHNAZARI H, REZVANI R, 2013. Effective parameters for the particle breakage of calcareous sands: An experimental study [J]. Engineering Geology, 159: 98 - 105.

[74] SHIBUYA S, MITACHI T, TAMATE S, 1997. Interpretation of direct shear box testing of sands as quasi - simple shear [J]. Geotechnique, 47 (4): 769 - 790.

[75] SIMONI A, HOULSBY G T , 2006. The direct shear strength and dilatancy of sand - gravel mixtures [J]. Geotechnical and Geological Engineering, 24: 523 - 549.

[76] SITHARAM T G , NIMBKAR M S , 2000. Micromechanical modeling of granular materials: Effect of particle size and gradation [J]. Geotechnical and Geological Engineering, 18 (2): 91 - 117.

[77] SWAMEE P K, OJHA C S P, 1991. Bed - load and suspended - load transport of nonuniform sediments [J]. Journal of Hydraulic Engineering, 117 (6): 774 - 787.

[78] TERZAGHI K, 1950. Mechanism of landslides. Application of geology to engineering practice. Berkey Volume, Geological Society of America, New York. 83 - 123.

[79] TERZAGHI K, 1960. From theory to practice in soil mechanics [M]. A Wiley - Interscience Publication, John Wilfy & Sons, Inc. New York.

[80] TREFETHEN J M, 1959. Geology for Engineers [M]. Second Edition. D. Van Nostrand Company, Inc. Princeton, New Jersey.

[81] U. S. Deportment of the interior bureau of reclamation. 1956, 1963. Earth Manual, a guide to the use of soils as foundations and as construction materials for hydraulic structures [M]. First edition. Revised Reprint. Denver, Colorado.

[82] UEDA T , MATSUSHIMA T, , YAMADA Y, 2011. Effect of particle size ratio and volume fraction on shear strength of binary granular mixture [J]. Granular Matter, 13 (6): 731 - 742.

[83] VALLEJO L E, MAWBY R, 2000. Porosity influence on the shear strength of granular material - clay mixtures [J]. Engineering Geology, 58: 125 - 136.

[84] VANEL L, ROSATO A D, Dave R N , 1997. Rise regimes of a single large sphere in a vibrated bed [J]. Physical Review Letters, 78 (7): 1255 - 1258.

[85] WANG J J, ZHANG H P, DENG D P, et al, 2013. Effects of mudstone particle content on compaction behavior and particle crushing of a crushed sandstone - mudstone particle mixture [J]. Engineering Geology, 167: 1 - 5.

[86] WANG J J, ZHANG H P, TANG S H, et al. , 2013. Effects of Particle Size Distribution on Shear Strength of Accumulation Soil [J]. Journal of geotechnical and geoenvironmental engineering. ASCE. 139: 1994 - 1997.

[87] WANG Z J, JING G Q, YU Q F, et al, 2015. Analysis of ballast direct shear tests by discrete element method under different normal stress [J]. Measurement, 63: 17 - 24.

[88] WATANABE Y, NicolasLENOIR, JunOTANI, TeruoNakai, 2012. Displacement in sand under triaxial compression by tracking soil particles on X - ray CT data [J]. Soils and Foundations, 52 (2): 312 - 320.

[89] WU T H, 1976. Soil Mechanics, Second editon [M]. Allyn and Bacon, Inc. Boston.

[90] XU W J, XU Q, HU R L, 2011. Study on the shear strength of soil - rock mixture by large scale direct shear test [J]. International Journal of Rock Mechanics & Mining Sciences, 48: 1235 - 1247.

[91] ZHANG B Y, ZHANG J H, SUN G L, 2012. Particle breakage of argillaceous siltstone subjected to stresses and weathering [J]. Engineering Geology, 137 - 138, 21 - 28.

[92] ZHANG Z L, XU W J, XIA W, et al, 2015. Large - scale in - situ test for mechanical characterization of soil - rock mixture used in an embankment dam [J]. International Journal of Rock Mechanics & Mining Sciences (Available online).

[93] 白耀华，王兆农，田建林，2006. 鸭子荡水库大坝宽级配土料筑坝研究与实践 [J]. 中国农村水利水电，12：115 - 117.

[94] 曹光栩，徐明，宋二祥，2010. 土石混合料的力学特性 [J]. 华南理工大学学报（自然科学版），38（11）：32 - 38.

[95] 陈愈炯，1984. 关于筑坝土料的研究及合理使用 [J]. 水利水电技术，1：19 - 27.

[96] 陈志波，朱俊高，2010. 宽级配砾质土三轴试验研究 [J]. 河海大学学报（自然科学版），38（6）：704 - 710.

[97] 陈志波，朱俊高，刘汉龙，2010. 宽级配砾质土应力路径试验研究 [J]. 防震减灾工程学报，30（6）：614 - 619.

[98] 陈志波，朱俊高，王强，2008. 宽级配砾质土压实特性试验研究 [J]. 岩土工程学报，30（3）：446 - 449.

[99] 成都勘测设计研究院科研所，1994. 宽级配砾石土料填筑标准及质量控制方法研究 [R]. 电力工业部水利部成都勘测设计研究院科研所.

[100] 成都理工学院东方岩土工程勘察公司，2009. 攀枝花机场东侧 12# 滑坡及其后缘填筑体高边坡综合治理工程地质勘察报告 [R]. 成都理工学院.

[101] 戴北冰，杨峻，周翠英，2014. 颗粒大小对颗粒材料力学行为影响初探 [J]. 岩土力学，35（7）：1878 - 1884.

[102] 戴清，韩其为，胡健，等，2009. 泥沙颗分曲线的方程拟合及其应用 [J]. 人民黄河，31（10）：69 - 90.

[103] 董启明，卢正，詹永祥，等，2013. 土石混合体原位试验的颗粒流数值模拟分析

[J]. 上海交通大学学报，47（9）：1382－1389.

[104] 菲尔泽水电站工作组，1976. 菲尔泽水电站坝体材料物理力学性质野外试验研究报告[M]. 菲尔泽水电站工作组.

[105] 工程地质手册编委会，2007. 工程地质手册[M]. 4版. 北京：中国建筑工业出版社.

[106] 郭海庆，黄海燕，耿妍琼，等，2012. 箱形渗透试验仪中宽级配砂砾石渗流变形试验[J]. 水电能源科学，30（10）：54－57.

[107] 郭庆国，1996. 粗粒土的工程特性及应用[M]. 郑州：黄河水利出版社.

[108] 何昌轩，陆阳，黄晚清，2007. 集料颗粒形状对骨架结构体积指标及SGC压实特性影响研究[J]. 公路，3（3）：112－118.

[109] 何兆益，黄卫，谈长庆，1996. 无粘结碎石材料级配研究[J]. 重庆交通学院学报，15（3）：18－22.

[110] 何兆益，谈长庆，1997. 碎石基层防止沥青路面反射裂缝结构的应用研究[J]. 华东公路，1：51－54.

[111] 黄斌，曾宪营，2012. 含石量对大浏高速土石混合体强度影响研究[J]. 公路与汽运，148（1）：107－109.

[112] 黄青富，詹美礼，盛金昌，等，2015. 基于颗粒离散单元法的获取任意相对密实度下级配颗粒堆积体的数值方法[J]. 岩土工程学报，37（3）：537－543.

[113] 黄晚清，陆阳，2006. 散粒体重力堆积的三维离散元模拟[J]. 岩土工程学报，28（12）：2139－2143.

[114] 黄晚清，陆阳，何昌轩，黄碧霞，2007. 基于离散单元法的沥青混合料研究初探[J]. 中南公路工程，32（2）：19－35.

[115] 贾学明，柴贺军，郑颖人，2010. 土石混合料大型直剪试验的颗粒离散元细观力学模拟研究[J]. 岩土力学，31（9）：2695－2703.

[116] 蒋明镜，李涛，胡海军，2013. 结构性黄土双轴压缩试验的离散元数值仿真分析[J]. 岩土工程学报，35（s2）：241－246.

[117] 李阳，2012. 遂宁机场北段高填方地基稳定性研究[D]. 成都：成都理工大学.

[118] 李志刚，冯春，李世海，2015. 不同加载方式下土石混合体抗压强度的规律性研究[J]. 水运工程，504（6）：10－16.

[119] 廖朝雄，陈冬久，2000. 满拉水利枢纽拦河坝宽级配心墙土料填筑压实度控制[J]. 水利水电技术，36：16－17.

[120] 刘建锋，徐进，高春玉，等，2007. 土石混合料干密度和粒度的强度效应研究[J]. 岩石力学与工程学报，26（S1）：3304－3310.

[121] 刘杰，1992. 土的渗透稳定与渗流控制[M]. 北京：水利电力出版社.

[122] 刘斯宏，2016. 土石坝工程若干研究. 中国水利水电科学研究院（岩土工程研究所）.

[123] 刘斯宏，徐永福，2001. 粒状体直剪试验的数值模拟与微观考察[J]. 岩石力学与工程学报，20（3）：288－292.

[124] 刘小瑞，2013. 贵州省茅台机场中部李家沟高填方边坡稳定性研究[D]. 成都：成都理工大学.

[125] 卢廷浩，钱玉林，殷宗泽，1996. 宽级配砾石土的应力路径试验及其本构模型验证[J]. 河海大学学报，24（2）：74－79.

[126] 马骉，莫石秀，王秉纲，2005. 基于剪切性能的级配碎石关键筛孔合理范围确定 [J]. 交通运输工程学报，5 (4)：27 - 31.

[127] 潘家铮，1980. 建筑物的抗滑稳定与滑坡分析 [M]. 北京：水利出版社.

[128] 钱玉林，卢廷浩，殷宗泽，1996. 宽级配土料本构模型适应性研究 [J]. 工程力学增刊，222 - 225.

[129] 钱玉林，卢廷浩，殷宗泽，1996. 宽级配土料应力路径试验中几个问题的处理 [J]. 水利水电技术，4：16 - 18.

[130] 屈艳红，张文峰，李庆亮，等，2012. 南水北调中线工程宽级配沙砾石料填筑特性 [J]. 人民黄河，34 (8)：128 - 130.

[131] 屈智炯，何昌荣，刘双光，等，1996. 新型石渣坝-粗粒土筑坝的理论与实践 [M]. 郑州：黄河水利出版社.

[132] 屈智炯，徐广峰，1996. 砾石土宽级配土料在高坝应力状态下工程性质的研究 [J]. 水电站技术，12 (2)：47 - 55.

[133] 孙其诚，辛海丽，刘建国，等，2009. 颗粒体系中的骨架及力链网络 [J]. 岩土力学，30 (S)：83 - 87.

[134] 谭超，2015. 巨粒混合土填料蠕变特性的大型单轴压缩试验研究 [D]. 成都：成都理工大学.

[135] 田湖南，焦玉勇，王浩，等，2015. 土石混合体力学特性的颗粒离散元双轴试验模拟研究 [J]. 岩石力学与工程学报，34 (S1)：3564 - 3573.

[136] 王江营，曹文贵，张超，等，2013. 基于正交设计的复杂环境下土石混填体大型直剪试验研究 [J]. 岩土工程学报，2013，35 (10)：8.

[137] 王腾，陈志波，李方振，等，2013. 宽级配砾质土击实性能改良试验研究 [J]. 水利与建筑工程学报，11 (5)：52 - 55.

[138] 王晓丽，2008. 粒子群优化算法的研究及其应用 [D]. 太原：太原科技大学.

[139] 辛海丽，孙其诚，刘建国，等，2009. 刚性块体压入颗粒体系时的受力及力链演变 [J]. 岩土力学，30 (S)：88 - 98.

[140] 薛亚东，刘忠强，吴坚，2014. 崩积混合体直剪试验与 PFC^{2D} 数值模拟分析 [J]. 岩土力学，35 (s2)：588 - 592.

[141] 杨冰，杨军，常在，等，2010. 土石混合体压缩性的三维颗粒力学研究 [J]. 岩土力学，31 (5)：1645 - 1650.

[142] 张超，展旭财，杨春和，2013. 粗粒料强度及变形特性的细观模拟 [J]. 岩土力学，34 (7)：2077 - 2083.

[143] 张程林，2013. 级配颗粒堆积体密度估算方法研究 [D]. 广州：华南理工大学.

[144] 张国强，2015. 巴中机场全强风化红层砂岩填料工程特性研究 [D]. 成都：成都理工大学.

[145] 张茜，邓辉，李强，等，2015. 粗粒土大型剪切试验剪切带变形特征分析 [J]. 工程地质学报，23 (1)：30 - 36.

[146] 周剑，张路青，戴福初，等，2013. 基于黏结颗粒模型某滑坡土石混合体直剪试验数值模拟 [J]. 岩石力学与工程学报，32 (s1)：2650 - 2659.

[147] 周健，王子寒，张姣，等，2013. 不同应力路径下砾石土力学特性的宏细观研究 [J]. 岩石力学与工程学报，32 (8)：1721 - 1728.

[148] 周杰，2011. 砂土制样过程的仿真试验及宏-微观分析 [D]. 北京：中国矿业大学.
[149] 朱国盛，张家发，陈劲松，等，2012. 宽级配粗粒土渗透试验尺寸效应及边壁效应研究 [J]. 岩土力学，9：2569 - 2574.
[150] 朱国盛，张家发，张伟，等，2009. 宽级配粗粒料渗透试验探讨 [J]. 长江科学院院报，26 (s)：10 - 13.
[151] 朱建华，游凡，杨凯虹，1993. 宽级配砾石土坝料的防渗性及反滤 [J]. 岩土工程学报，15 (6)：18 - 27.
[152] 朱俊高，郭万里，2014. 连续级配土的级配方程及其应用 [C]. 中国水利学会 2014 学术年会. 天津.
[153] 朱俊高，郭万里，王元龙，等，2015. 连续级配土的级配方程及其适用性研究 [J]. 岩土工程学报，37 (10)：1931 - 1936.
[154] 左永振，张 婷，丁红顺，2011. P_5 含量对滑坡体砾质土的力学性质影响试验研究 [J]. 西北地震学报，33 (s)：223 - 226.
[155] 左永振，张伟，潘家军，等，2015. 粗粒料级配缩尺方法对其最大干密度的影响研究 [J]. 岩土力学，36 (s1)：417 - 422.